T0132943

Kohlhammer

Erkläre es mir und ich werde es vergessen.
Zeige es mir und ich werde mich erinnern.
Lass es mich selbst tun und ich werde es verstehen.

Kongzi (551 bis 479 vor Christus)

Tobias E. Höfs
Torsten Vollbrecht

Atemschutztraining – realitätsnah und sicher

2., überarbeitete und erweiterte Auflage

Verlag W. Kohlhammer

Wichtiger Hinweis

Die Verfasser haben größte Mühe darauf verwendet, dass die Angaben und Anweisungen dem jeweiligen Wissensstand bei Fertigstellung des Werkes entsprechen. Weil sich jedoch die technische Entwicklung sowie Normen und Vorschriften ständig im Fluss befinden, sind Fehler nicht vollständig auszuschließen. Daher übernehmen die Autoren und der Verlag für die im Buch enthaltenen Angaben und Anweisungen keine Gewähr.

In diesem Buch werden aus Gründen der besseren Lesbarkeit ausschließlich männliche Funktionsbezeichnungen verwendet, die jedoch ausdrücklich die weiblichen Feuerwehrangehörigen einschließen und keine geschlechtsspezifische Wertung darstellen. Die Autoren distanzieren sich ausdrücklich von der Diskriminierung weiblicher Feuerwehreinsatzkräfte.

Die Abbildungen stammen – soweit nicht anders angegeben – von den Autoren.

2., überarbeitete und erweiterte Auflage 2014

Alle Rechte vorbehalten
© 2011/2014 W. Kohlhammer GmbH, Stuttgart
Umschlag: Gestaltungskonzept Peter Horlacher
Umschlagbild: Tobias E. Höfs
Gesamtherstellung: W. Kohlhammer
Druckerei GmbH + Co. KG, Stuttgart
Printed in Germany

ISBN 978-3-17-023273-0

Inhaltsverzeichnis

1 Es war einmal...

... ein Abend mit einem langen, sehr langen Gespräch, an dem die Idee für dieses Buch geboren wurde. Der Inhalt des Gesprächs lautete etwa wie folgt:

»Na toll Tobias, wir schreiben ein Buch. Wie kommst du denn auf diese glorreiche Idee?«

»Torsten, das ist ganz einfach: Hast du schon mal ein echtes Praxisbuch für die Atemschutzausbildung in der Hand gehabt?«

»Ja, viele. Mit manchen Buchinhalten arbeite ich sogar.«

»Nein, ich meine ein Buch, das von Ausbildern für Ausbilder und deren tägliche Praxis geschrieben worden ist.«

»Tobias, komm zur Sache. In was soll sich denn unser Buch von all den anderen Praxisbüchern unterscheiden?«

Die Antwort lag auf der Hand: Viele Ausbildungsformen wurden von einer Ausbildergeneration – oftmals unkritisch und daher unverändert – an die nächste weitergereicht. Doch was vor 20 oder 30 Jahren noch als ausreichend angesehen wurde, kann dem aktuellen Wissen um den Lernprozess sowie dem heutigen Einsatzalltag oft nicht mehr gerecht werden.

Seit der Ausbildung der beiden Autoren zu Atemschutzgeräteträgern waren einige Jahre vergangen. Und was hat sich während dieser Zeit in der Ausbildung verändert? Nicht allzu viel. Die Inhalte der Ausbildung sind über die Jahre gleich geblieben – ein Pressluftatmer ist immer noch ein Pressluftatmer und auch die Art und Wirkung der Atemgifte, die Einsatzgrenzen der Atemschutzgeräte, die Zusammensetzung der Luft, der Mindestpartialdruck von Sauerstoff usw. haben sich nicht geändert. Radikal geändert hat sich dagegen das Wissen über den Lernprozess und dessen Berücksichtigung in der Ausbildung.

»Was für die so genannte Theorie gilt, muss auch ganzheitlich gelten: Das Ziel ist das gleiche, aber der Weg muss sich

ändern! Wenn wir zur Vermittlung von Lerninhalten auf endlose Vorträge und Monologe der Ausbilder verzichten und stattdessen visualisierte Gespräche anwenden, dann müssen auch die Praxiseinheiten auf das Einsatzgebiet eines Atemschutzgeräteträgers – und das sind nun mal ganz klar Einsatzsituationen – zugeschnitten sein.«

Nach einer kurzen Pause nachdenklichen Schweigens fragte Tobias:

»Sag mal Torsten, warum bilden wir eigentlich aus?«

»Was ist denn das für eine Frage, Tobias? Ziel der Ausbildung ist es, den sicheren Umgang mit dem Atemschutzgerät zu erlernen. Die Einsatzkraft soll also zum Einsatz unter Atemschutz befähigt sein. Sie soll auf ihre Arbeiten unter Atemschutz so vorbereitet werden, dass sie auch in Gefahrensituationen die Technik sicher beherrscht, situationsangepasst agieren kann und Ruhe und Besonnenheit bewahrt. Das ist übrigens nicht von mir, sondern steht in der Feuerwehr-Dienstvorschrift 7 [1].«

»Werden wir heute dieser eben zitierten Vorschrift gerecht?«

»Eindeutige Antwort: Jein! Alles eine Frage der Auslegung.«

»Der Auslegung oder von Wissen und Wollen?«

»Oh, das Prinzip des Organisationsverschuldens: Das ist ein ganz schweres Thema, eine ganz heiße Kiste!«

»Wenn wir doch erkennen, dass unsere Ausbildung einer Neugestaltung bedarf, dann sollten wir nicht zögern, entsprechende Veränderungen auch durchzuführen.«

Das Gespräch drehte sich noch eine ganze Zeit lang um verschiedenste Blickwinkel, Erfahrungen und Erlebnisse aus dem Ausbilderleben der beiden Autoren. Im Laufe des Abends nahm dann die Idee eines gemeinsamen Buches mehr und mehr Gestalt an. Die beiden Autoren stellten dabei fest, dass das Thema »Wie sage ich es meinen Vorgesetzten« nicht im Fokus des Buches stehen würde. Das Buch sollte vielmehr Anregungen geben, wie anders ausgebildet werden kann – praxisnah und sicher.

»So wenig Theorie wie nötig, so viel Praxis wie möglich. Und wenn praktisch ausgebildet wird, dann so nah an der Wirklichkeit, wie es denkbar und sinnvoll ist.«

»Genau Torsten. Das Problem liegt doch häufig darin, die Themen für die Ausbildung praxisnah aufzubereiten. Oftmals fehlen dazu einfach nur die notwendigen Impulse und interessante Anregungen, die Lust auf etwas Neues machen. Und genau da setzt unser Buch an: Die meisten Bücher zeigen lediglich auf, was ausgebildet werden kann. Unser Buch zeigt, wie bereits bekannte Inhalte praxisnah ausgebildet werden können.«

2 Vorbereitung ist alles

Jede Ausbildung bedarf einer gewissenhaften Ausarbeitung und Vorbereitung. Jeder, der bereits eine Ausbildungseinheit erarbeitet hat, weiß wie komplex und zeitaufwändig diese Arbeit ist.

Grundsätzlich erfolgt zuerst eine Planungsphase, in der Lerninhalte und Lernziele angedacht und schließlich vorgeplant werden. Mit einer Vorbesprechung der Lerninhalte durch alle beteiligten Ausbilder beginnt die Umsetzungsphase. Bei diesem ersten Aufeinandertreffen werden neben dem Thema die Inhalte, die Herangehensweise (Lernmethode) sowie die (erreichbaren!) Lernziele – also die Erwartungshaltung der Ausbilder – besprochen und abgestimmt. Der Tag der Wahrheit kommt, wenn das erarbeitete Ausbildungsangebot sein Debüt mit dem ersten Lehrgang feiert. Nicht selten werden einer neuen Ausbildungs- oder Fortbildungseinheit Pilotlehrgänge vorangestellt. Diese verfolgen das Ziel, eine zeitliche Abstimmung zu finden (Zeitmanagement), die angedachte Logistik (z. B. Gerätebereitstellung) und die Wiederherstellung der Bereitschaft zu überprüfen sowie die Resonanz der Lernenden in die folgenden Lehrgänge mit einfließen zu lassen. Dieser »Feinschliff« lohnt sich, denn nicht selten haben die Ausbildungsinhalte und besonders die Ausbildungsformen mehr als eine Dekade Bestand.

Natürlich gibt es auch Themen, die seit vielen Jahren gleich ausgebildet werden, etwa der konventionelle Aufbau eines Löschangriffs, das Besteigen von tragbaren Leitern oder die Vermittlung der Gefahren im Atemschutzeinsatz. Im Einzelnen ließe sich hier trefflich darüber streiten, ob beispielsweise der Aufbau eines Löschangriffs wirklich bis ins kleinste Detail trainiert werden muss, wenn es in anderen Ländern auch Feuerwehren gibt, die darauf verzichten. Ebenso könnte die Vornahme und das Besteigen einer Hakenleiter als anachronistisch und traditionsbefangen angesehen werden. Reichte es früher vermeintlich aus, den Auszubildenden das Gewicht, die Maße und den Aufbau eines Ausrüstungsgegenstandes zu erläutern (Daten lassen sich bei Prüfungen nun einmal mit weniger Aufwand überprüfen als Handlungssicherheit), verlangt heute die voranschreitende, im Aufbau komplizierte bis unverständliche Technik eine andere Form der Ausbildung. Und nicht zuletzt fordert auch der Auszubildende selbst eine ergonomische (oft »modern« genannte) Form des Lernens. Somit entfernt sich die Ausbildung heute immer mehr von Hörsälen und orientiert sich zunehmend am praktischen Training.

Im klassischen Theorieunterricht scheint es möglich zu sein, eine große Anzahl von Teilnehmern mit einer stets gleichen Wissensdichte frontal durch eine Lehrkraft zu unterrichten. Dieser vermeintliche Vorteil schwindet, wenn gleiche Inhalte praktisch vermittelt werden, denn praktische Ausbildung stellt besondere Anforderungen an die Anzahl und den Einfallsreichtum der Ausbilder, an die Logistik sowie an die Möglichkeiten vor Ort. Kurz gesagt: Die Vorplanungen sind hier wesentlich umfangreicher. Der Vorteil einer Praxisausbildung liegt jedoch in einer deutlich größeren Nachhaltigkeit des Erlernten. Hier werden wichtige Verknüpfungen gesetzt und durch Wiederholungen auch gefestigt. Darüber hinaus ist die praktische Ausbildung das »Salz in der Suppe«, denn sie macht Spaß.

Die für die Praxis vorgehaltenen Übungsmöglichkeiten und -örtlichkeiten können von unterschiedlicher Qualität sein. Natürlich macht es einen Unterschied, ob eine Landesfeuerwehrschule oder feuerwehrtechnische Zentrale ein Brandübungshaus betreibt oder ob für die Ausbildung lediglich Unterrichtsräume vorgehalten werden. Sollte kein Brandübungshaus zur Verfügung stehen, könnte z. B. ein vorhandenes Kellergeschoss eine Alternative sein. Auch ein ungenutztes Dachgeschoss kann in Praxisübungen mit einbezogen werden. Wenn ein Training in einem Gebäude oder einem Brandübungshaus nicht möglich ist, könnte eventuell auch die Beschaffung von mehreren Überseecontainern eine kostengünstige Möglichkeit sein. Werden diese zusammengefügt, können mithilfe von Verbindungsöffnungen komplexe Wohneinheiten nachgestellt werden. Es liegt im Ermessen des zuständigen Bauamtes, ob diese »Containerwohnung« gemäß Bauordnung eine bauliche Anlage darstellt. Deshalb empfiehlt es sich, das örtliche Bauamt bereits in die Vorplanung einer solchen Anlage mit einzubeziehen.

So unterschiedlich die Trainingsörtlichkeiten auch sein mögen, sie allein geben keine Aussage über die Qualität der Ausbildung. Die Nutzungsmöglichkeit eines Brandhauses ist zwar eine gute Voraussetzung für eine gute Ausbildung, aber noch keine Garantie. Welche Einrichtungen auch immer genutzt werden, entscheidend ist das gesamte Ausbildungspaket.

Aber nicht nur die Ausbildungsform bedarf einer Vorplanung, auch die Ausbilder selbst sollten auf eine Ausbildungseinheit vorbereitet werden. Wird eine Ausbildung durch mehrere Ausbilder durchgeführt, muss jeder Ausbilder die gleichen Schwerpunkte setzen. Der Lernende darf nicht den Eindruck gewinnen, dass er bei einem Ausbilder so sein kann wie er ist, bei einem anderen aber nur so sein darf, wie der Ausbilder es erwartet. Trotz aller Individualität der Ausbilder muss eine gemeinsame »Marschrichtung« vorhanden sein. Bei der Vorbereitung einer Lerneinheit müssen einheitliche Lerninhalte und Lernziele vereinbart werden, insbesondere dann, wenn das Team aus mehreren Ausbildern besteht, die unterschiedliche Vorstellungen und Meinungen haben. Wer sich jemals an einer Reform eines bestehenden Systems versucht hat, der weiß, welche Anstrengungen notwendig sind, um erst einige und dann bestenfalls alle von einer neuen Idee, einer veränderten Sichtweise oder neuen Erkenntnissen zu überzeugen. Dieser Weg ist oft steinig, aber dennoch notwendig. Wer es trotz allen Reformwillens versäumt, alle Ausbilder auf dem neuen Kurs mitzunehmen, wird sich gegenüber den Auszubildenden stets in Erklärungsnot befinden.

Die erste Disziplin der Vorbereitung ist die explizite Ausarbeitung von Lernzielen (Grob- und Feinzielbeschreibung), die zweite Disziplin ist der Weg zum Ziel, d. h. das Mittel zur Zielerreichung. Zu jeder Vorbereitung gehört aber auch eine Nachbereitung bereits durchgeführter Ausbildungen, die das Ziel hat, den entsprechenden Lehrgang zu reflektieren und dessen Qualität zu sichern. Hier kann auch eine Bewertung des Lehrgangs durch die Teilnehmer erfolgen. Da Fremd- und Eigenwahrnehmung stark voneinander abweichen können, empfiehlt es sich, die Äußerungen der Lehrgangsteilnehmer ernst zu nehmen und mit berechtigter Kritik konstruktiv umzugehen. Nach einer bestimmten Zeitspanne sollten die Lernmethoden, Inhalte und Umsetzungen auf Bedarf, Umfang und Aktualität überprüft werden. So kann sichergestellt werden, dass eine moderne und zielgruppenorientierte Ausbildung angeboten wird.

Zur Qualitätssicherung können auch folgende Verfahren dienen:

– mindestens einmal vierteljährlich und direkt nach jedem Lehrgang eine Ausbilderbesprechung,

- jährlich ein Train-the-Trainer-Termin[1], an dem Fremdausbilder die Ausbilder aus- und fortbilden,
- bei gravierenden Arbeitsunterschieden oder Wissenslücken bei den Ausbildern ein Train-the-Trainer-Termin,
- regelmäßiger überörtlicher/überregionaler Erfahrungsaustausch mit anderen Ausbildern für Atemschutzgeräteträger,
- Hospitationsbesuche unter Ausbildern mit anschließender Analyse, Bewertung und Besprechung sowie gegebenenfalls Übernahme von Aspekten in die eigene Arbeitsweise,
- Verwendung von anonymen oder personenbezogenen Bewertungsbögen zur Verdeutlichung von (Leistungs-)Parametern oder Tendenzen.

---

1 Train-the-Trainer-Termine (werden auch als Eigenausbildung bezeichnet) dienen der Aus- und Fortbildung von Ausbildern. Diese Veranstaltungen können sowohl intern wie auch von externen Fachkräften durchgeführt werden.

3 Die Spielregeln

Bei Übungen gilt das gleiche wie bei einem Gesellschaftsspiel oder einer Sportart: Bevor der erste Würfel fällt, müssen die Regeln bekannt sein. Wer Kinder hat, der hat sicherlich schon die eine oder andere einseitige Regeländerung während eines Spiels miterlebt. Was im familiären Bereich toleriert werden kann, um den Hausfrieden zu retten, verbietet sich im Ausbildungsbetrieb. Hier sind einseitige Regeländerungen auch nicht notwendig, denn keiner soll verlieren, sondern alle gewinnen.

Ein erreichbares Lernziel!

Das Ziel rückt entscheidend näher, wenn jeder die Regeln kennt, diese akzeptiert und Unklarheiten im Voraus geklärt wurden. Dies beginnt damit, dass ein erreichbares Lernziel benannt und vereinbart wird und jegliche Ausbildungsstruktur auf dieses Ziel hin ausgerichtet ist. Ist das Ziel der Ausbildung beispielsweise die unterschiedlichen Fortbewegungsarten im Atemschutzeinsatz zu vermitteln, dann muss auch der Fokus der Ausbilder darauf ausgerichtet sein. Bei einer Vorbesprechung werden neben dem Thema auch die Inhalte, die Herangehensweise (Art der Lernbegleitung) sowie ein erreichbares Lehrgangsziel (Erwartungshaltung) mit den auszubildenden Einsatzkräften besprochen. Nach einer allgemeinen Gesundheitsabfrage, die im Vorfeld klären soll, ob die Einsatzkräfte in der Lage sind, Übungen unter Atemschutz durchzuführen, werden die Lerninhalte detailliert vorgestellt. Im genannten Beispiel wären dies die verschiedenen Fortbewegungsarten in unterschiedlichen Einsatzsituationen.

Die grüne Wiese

Um eine gemeinsame Vorstellung aufzubauen, werden kurze, einfache Beispiele verwendet (in Anlehnung an ein Neubaugebiet oft auch »grüne Wiese« genannt). Jeder Lernende erzeugt bei einer Erzählung unterschiedliche Sinnesbilder vor seinem geistigen Auge, die in fester Abhängigkeit zu seinen Erfahrungen und Erlebnissen stehen. Damit nicht jeder eine völlig andere Vorstellung im Kopf hat, werden auf einer »grünen Wiese« Stück für Stück Informationen platziert. So entsteht allmählich ein Gesamteindruck, ein gemeinsames Bild. Ähnliches kann man natürlich auch mit einem an die Wand projizierten Bild erreichen. Allerdings haben Bilder, die im Kopf entstehen, eine größere Wirkung. Nun hilft ein Praxistrainer den Lernenden beim Erkennen der Vor- und Nachteile der verschiedenen Fortbewegungsarten. Er hilft ihnen, diese zu erlernen, indem er die einzelnen Übungsbestandteile praktisch vorzeigt.

Die Vorbereitungen sind nun abgeschlossen, das Training kann jetzt in allen Ausbildungsstufen absolviert werden. Anschließend folgt eine gemeinsame Auswertung, die sich nur auf den einen Zweck beschränken sollte: Wurde das Ausbildungsziel erreicht oder nicht?

Die Übungsbefehle

Für alle Praxisübungen müssen Regeln und Befehle vereinbart werden. Um korrigierend oder endend in eine Übung eingreifen zu können, werden lediglich drei Übungsbefehle benötigt:
1.) Mit dem Befehl »**Halt, Übungsunterbrechung!**« wird eine Übung kurz unterbrochen. Nach Aufforderung wird die Übung anschließend an dem Punkt der Unterbrechung wieder fortgesetzt.
2.) Mit dem Befehl »**Stopp, Übungsabbruch!**« wird eine Übung umgehend beendet. Jeder Übende und jeder Ausbilder kann bei einer erkannten Gefahr mit diesem Befehl die Übung sofort abbrechen.
3.) Mit dem Befehl »**Übungsende!**« wird eine Übung regulär beendet.

Sollte sich während einer Praxisübung ein realer und nicht gewollter Zwischenfall ereignen, der die Gesundheit oder die Sicherheit der Übenden akut gefährdet, ist dies mit dem Wort »**Tatsache**« anzukündigen. Damit ist gewährleistet, dass gestellte und wirkliche Realität voneinander zu unterscheiden sind.

Realitätsnähe!

Nur ein realitätsnahes Training kann effektiv einer Überforderung im späteren Einsatzgeschehen vorbeugen. Aber was ist realitätsnah? Nah an der Realität eines Einsatzes ist eine Ausbildung, die Situationen enthält, in denen mit dem späteren Einsatzgeschehen möglichst gleichwertige physische und psychische Beanspruchungen auftreten. Es müssen also zwangsläufig Elemente eines Einsatzgeschehens integriert sein. Hierin liegt einer der Schwerpunkte, die bei der Entwicklung der Spielregeln berücksichtigt werden müssen (siehe auch Kapitel 6 »Schließ die Augen und stell dir vor...«).

In der gestellten Wirklichkeit einer Übung werden lediglich die realen Situationen und Umgebungen nachgezeichnet. Ist es beispielsweise nicht möglich, in einer thermisch aufgeheizten Umgebung zu trainieren, wird dies dadurch kompensiert, dass der Auszubildende sich nur bodennah bewegen und seine Feuerwehrschutzhandschuhe nicht ausziehen darf oder die Verweildauer im jeweiligen Objekt begrenzt ist. Ein ausgezogener Handschuh zieht hier eine als verbrannt festgelegte Hand nach sich, die im weiteren Verlauf der Übung nicht mehr verwendet werden darf. Grundsätzlich gilt, dass alle Lernenden das gleiche Ausgangsszenario vor ihrem geistigen Auge haben müssen.

Der Mittelpunkt!

Zur Übungsvorbereitung gehört abschließend auch, dass den Auszubildenden unmittelbar vor Übungsbeginn noch einmal die Wichtigkeit der Einhaltung aller Spielregeln verdeutlicht wird.

Während des Übungsverlaufes sollte einer Übung immer ein größtmöglicher Freiraum zur Eigendynamik gegeben werden. Auf ein Drehbuch und Regieanweisungen sollte bewusst verzichtet werden. Nur in Gefahrenlagen oder bei Regelverstößen sollte korrigierend eingegriffen werden. Diese konsequente Zurückhaltung der Ausbilder und Beobachter zielt darauf ab, den Übenden das Gefühl zu vermitteln, isoliert und weitgehend unbeobachtet ihren Einsatzauftrag zu erfüllen. Durch ihre Anwesenheit garantieren die Trainer jedoch gleichzeitig die Sicherheit eines jeden Übenden.

4   Ich will doch nur spielen...

Jedem Leser ist es bewusst: Im Atemschutzeinsatz treten neben Gefährdungen auch physische und psychische Belastungen auf. Betrachten wir den täglichen Einsatzalltag anhand eines Beispiels etwas näher: Bei einer Brandbekämpfung im Innenangriff wirken u. a. das Gewicht der Schutzausrüstung und das der mit Wasser gefüllten Schlauchleitung auf unseren Körper ein. Zusätzlich wird der Körper durch die vom Feuer erhöhte Umgebungstemperatur erwärmt. Es besteht eine Sichtbehinderung durch den Rauch, der sich im Raum ansammelt und den Wasserdampf, der sich beim Löschangriff bildet. Eine weitere Belastung ist der Zeitdruck, der aus der Aufgabe resultiert, den Brand schnell unter Kontrolle zu bringen, bevor er sich weiter ausbreiten kann. Dieser Zeitdruck ist besonders hoch, wenn zusätzlich eine Person im brennenden Gebäude vermutet wird, da ihre Überlebenschancen unmittelbar von der Zeitspanne abhängen, die sie im Rauch verbringt. Das alles ist für uns Routine. Diese Häufung von Belastungen, die im Einsatz (also in einer Gefährdungssituation) auf uns Einsatzkräfte einwirken, muss sich zwangsläufig in der Ausbildung widerspiegeln, wenn sie realitätsnah sein soll.

Es gilt: Je mehr belastende Faktoren im Training eins zu eins nachgestellt werden können, desto näher ist die Ausbildung an der Realität angelehnt. Es gilt aber auch: Ist die Ausbildung realitätsnah, sind die damit einhergehenden Gefahren ebenso präsent. Deshalb ist eine genaue Betrachtung der möglichen Gefahren (Gefährdungsbeurteilung) bereits im Vorfeld des Trainingsbetriebs unabdingbar erforderlich. Um dies realisieren zu können, muss den Ausbildern bekannt sein, welche Einflussfaktoren im Training auftreten können und welche Situationen bzw. Einflussfaktoren mit welchen Gefahren wie verbunden sind.

Eine Gefährdungsbeurteilung verfolgt das Ziel, alle möglichen Gefahren im Vorfeld zu erkennen. Das Gefahrenspektrum ist weit gefächert und umfasst unter anderem mechanische Gefahren, hervorgerufen durch Ausrutschen, Stolpern oder Fehltreten, Gefährdungen durch Gefahrstoffe, Explosionsgefahren, die durch unkontrollierte Brandgase entstehen können, thermische Gefahren sowie die Gefahr der psychischen und physischen Überlastung. Die erkannten Gefahren werden nach ihrer Eintrittswahrscheinlichkeit und dem Schadenausmaß in eine Risikobewertung eingebracht, um anschließend geeignete Gegenmaßnahmen zu definieren, siehe hierzu [2] und insbesondere [3]. Diese notwendige Vorarbeit ist eine Voraussetzung für ein sicheres Arbeiten und Trainieren.

Das Endprodukt der Gefährdungsbeurteilung, die Gegenmaßnahmen, sollten auch den Übenden bekannt gegeben werden, damit diese wissen, dass an ihre Sicherheit gedacht wird. Gleichzeitig werden Bedenken oder mögliche Ängste gegenüber einer Trainingseinheit abgeschwächt bzw. ausgeräumt. In der Tabelle 1 wird beispielhaft gezeigt, wie das Ergebnis einer Gefährdungsbeurteilung für eine Trainingseinheit aussehen kann.

Tabelle 1: Beispiel einer Gefährdungsbeurteilung für eine Trainingseinheit

Trainingseinheit: Absuchen von Räumen unter Nullsicht		
Örtlichkeit: Räume 110 bis 112 im Obergeschoss des Übungsgebäudes		
Belastung/ Gefährdung	**Maßnahmen**	**Kontrolle: erledigt bis Trainingsbeginn bzw. gewährleistet?**
medizinische Notfälle	Erste Hilfe-Material und AED überprüfen und bereitstellen	
Anstoßen und mechanische Gefährdungen	auf vollständig angelegte persönliche Schutzausrüstung achten	
Absturz	im Raum 110 Tür zur Treppe abschließen	
schwere körperliche Arbeit (Transport eines Verletztendummys)	auf ausreichend Flüssigkeitszufuhr achten, ausreichende Pausen gewährleisten	

Zwangshaltung durch tiefe Gangart	auf regelmäßige und entspannende Pausen achten	
Nullsicht	ständige Beobachtung der Übenden, ggf. Unterbrechung oder Abbruch der Übung bei einer Gefahrensituation	
Belastung durch Klima im Schutzanzug	auf ausreichend Flüssigkeitszufuhr achten, ausreichende Pausen gewährleisten	
Belastung durch Tagesklima	spätestens bei Außentemperaturen von mehr als 25 °C Wanne mit Wasser zum Kühlen bereitstellen	
Erkältungsgefahr durch verschwitzte Kleidung	dafür sorgen, dass die Übenden Wechselkleidung mitbringen, der Pausenraum ausreichend geheizt ist und kein Luftzug herrscht	
Lärm	Kommunikationsbehinderungen nur zeitlich und intensitätsmäßig begrenzt sowie gezielt einsetzen	
Über-/Unterforderung	ständige Beobachtung der Übenden, ggf. Abbruch der Übung (Überforderung) oder Erschweren der Bedingungen (Unterforderung)	
Medikamente, Alkohol, Drogen etc.	Übende auf Ge- und Verbote hinweisen, Erklärung der Übenden vor Beginn ausfüllen lassen und Übende beobachten	

Allgemein belastende Faktoren, die bei einem Atemschutzeinsatz auf den Geräteträger wirken, führen zum Nachlassen der Kräfte und auch zur geistigen Ermüdung. Unter Umständen ist aber auch bereits der Einsatzauftrag (die Aufgabenstellung und der damit verbundene Erfolgsdruck) so belastend, dass dies zum Nachlassen der Kräfte und zur geistigen Ermüdung führen kann. Die wesentlichen Faktoren sind:

– Einwirken von Wärme (Erhöhung der Körperkerntemperatur),
– körperliche Anstrengung (Flüssigkeitsverlust),
– Aufgabenstellung (Verbrauch von geistigen Ressourcen),
– Ausrüstung (zusätzliche Belastung durch Gewicht und eingeschränkte Beweglichkeit).

Auch die individuelle Befindlichkeit der Einsatzkraft beeinflusst ihre Leistungsfähigkeit erheblich. Ein (z. B. erkälteter) Atemschutzgeräteträger, der nur mithilfe von Medikamenten ein Atemschutzgerät aufsetzen kann, hat im Atemschutzeinsatz nichts zu suchen. Aber auch private Stresssituationen können zu einer Leistungsverringerung führen. Bestehen zudem beim Ausbildungsstand und der körperlichen Fitness Defizite, ist der Atemschutzgeräteträger anfällig für einen plötzlichen Leistungsabfall. Zusammengefasst lässt sich sagen, dass u. a. folgende individuelle Faktoren einen negativen Einfluss auf die persönliche Leistungsfähigkeit haben:

– vorausgegangene Infekte oder Verletzungen,
– Schlafdefizite,
– Wirkung von Medikamenten,
– (Nach-)Wirkung von Alkohol,
– (Nach-)Wirkung von Drogen,
– emotionale Unausgeglichenheit,
– schlechter Ausbildungsstand,
– fehlende körperliche Fitness,
– Defizite im Flüssigkeitshaushalt des Körpers.

Das Zusammenwirken verschiedener Einflussfaktoren ergibt im Verlauf des Atemschutzeinsatzes eine Reduktion der Leistungsfähigkeit. Die Anzeichen einer solchen Leistungsreduktion sind z. B.:

– nachlassende Körperkraft,
– verlangsamte Reaktionsfähigkeit,
– eingeschränktes Urteilsvermögen,
– Unausgeglichenheit von Atmung, Herz und Kreislauf.

Diese Faktoren sind für den Atemschutzeinsatz von elementarer Bedeutung und nehmen direkt Einfluss auf den Einsatzverlauf. Dieser wird begleitet durch eine kontinuierliche Abnahme des Atemluftvorrates sowie eine fortlaufende Zunahme der Körperwärme und von Erschöpfungsanzeichen. Wenn zu dieser Belastung ein unvorhersehbares Ereignis hinzu kommt, entsteht Stress, der die Handlungsfähigkeit weiter einschränkt. Es kann ein so hoher Stresspegel erreicht werden, dass die Handlungsfähigkeit des Atemschutzgeräteträgers fast gänzlich eingeschränkt ist. Im Extremfall kann Panik entstehen, die eine Handlungsunfähigkeit mit sich bringt. Solche unvorhersehbaren Ereignisse können u. a. sein:

- technische Defekte von Ausrüstungsteilen,
- schnelle Brandausbreitung (z. B. Durchzündung),
- Einwirkung von Wasserdampf,
- Orientierungsverlust,
- herab fallende Teile,
- massive Geräusche,
- plötzliche körperliche Beschwerden,
- Einsturz bzw. Absturz,
- Verlust des Lungenautomaten vom Atemanschluss sowie
- unbeabsichtigtes Zudrehen des Atemluftbehälters.

Die Fürsorgepflicht der Ausbilder (oder im Einsatzfall der Einsatzleiter) spielt eine zentrale Rolle in diesem Gefüge aus Einzelfaktoren. Die Frage nach dem Wohlbefinden der Auszubildenden *vor* dem Ausbildungsbeginn (z. B. Infekte, Medikamenteneinnahme) hat dabei eine herausragende Bedeutung. Auch eine erneute Tätigkeit ohne Ruhepause – und damit eine weitere Belastung durch Wärme und körperliche Anstrengung – muss vom Ausbilder verhindert werden.

Merke:
Im Vorfeld einer Übung müssen die Ausbilder bei ihren Planungen belastende Faktoren berücksichtigen.

Die allgemein belastenden Faktoren, Teile der individuellen Befindlichkeit und die hieraus resultierende Abnahme der Leistungsfähigkeit gehören zum Ablauf eines Atemschutzeinsatzes bzw. einer Atemschutzübung und lassen sich zum Teil auch nicht beeinflussen. Allerdings gibt es Möglichkeiten, ungewollten Belastungen durch Präventionsmaßnahmen entgegenzuwirken. Die wesentlichen Einzelschritte lassen sich wie folgt beschreiben:

- Planung von Übungsszenarien,
- Abschätzung von Belastungen,
- Planung von Ruhezeiten,
- gemeinsames Ausruhen nach Übungseinheiten,
- gemeinsames Pre- und Rehydrieren,
- garantieren eines gleich bleibend hohen Sicherheitsstandards.

Auch Fehlhandlungen bei Störungen der Gerätetechnik oder bei spontanen Einsatzentwicklungen lassen sich durch Präventivmaßnahmen vermeiden. Sie werden im Kapitel 8 aufgezeigt.

Planung von Übungsszenarien

Übungen dürfen niemals ad hoc durchgeführt werden. Sie müssen immer an einem Lernziel ausgerichtet und detailliert geplant sein. Durch eine exakte Vorplanung der Übungsszenarien, inklusive einer Abschätzung der mit ihnen zusammenhängenden Risiken für die trainierenden Einsatzkräfte, vergegenwärtigen sich die Ausbilder mögliche Gefahren und können diese so bereits im Vorfeld ausschließen. Soll z. B. ein verletzter Atemschutzgeräteträger unter Nullsicht ohne ein formstabiles Hilfsmittel (z. B. Korbtrage oder Spineboard) aus einer Einsatzstelle verbracht werden, so besteht u. a. die Möglichkeit, dass dabei seine Halswirbelsäule verletzt wird. Durch diese Erkenntnis bei der Planung ist den Trainern bereits vor Übungsbeginn klar, dass ein wesentlicher Fokus auf der Beobachtung der Kopflage des Verletztendarstellers liegen muss, um ausreichend schnell eingreifen zu können.

Abschätzung von Belastungen

Anhand der vorangegangenen Planung der Übungsszenarien lassen sich die Belastungen für die übenden Einsatzkräfte und auch für die Ausbilder abschätzen. Hierbei muss grundsätzlich immer auch das Klima berücksichtigt werden. Die gleiche Übung kann in einer anderen Jahreszeit eine völlig andere Belastung hervorrufen. Der Transport eines Atemschutzgeräteträgers ins Freie durch einen Sicherheitstrupp ist beispielsweise mit einer erheblichen körperlichen Anstrengung verbunden. Ist dies den Ausbildern bewusst, so ist ihnen auch klar, dass diese Lerneinheit eine hohe Belastung darstellt und die Auszubildenden vorher ausgeruht sein müssen. Sie dürfen keinesfalls von einer vorherigen hochbelastenden Lerneinheit direkt in diese Übung gehen. Weiterhin ist ihnen damit auch bewusst, dass diese Übungseinheit im Hochsommer wesentlich höhere Beanspruchungen hervorruft, als im Winter.

Planung von Ruhezeiten

Der Planung von Ruhezeiten kommt im Trainingsbetrieb eine erhebliche Bedeutung zu. Ein Wechsel von Belastung und Ruhepause ist essenziell, um die Übenden nicht zu überlasten.

Durch eine Abschätzung der Belastungen jeder Übungseinheit können die anschließenden Ruhezeiten entsprechend geplant werden. Beispielsweise kann ein anhand von Unterlagen zu erarbeitender Lerninhalt oder ein Lerngespräch zwischen zwei Praxistrainings eingeplant werden, um so eine hohe körperliche Dauerbelastung zu unterbinden.

Gemeinsames Ausruhen nach Übungseinheiten

Nach hochbelastenden Übungseinheiten ist es von größter Wichtigkeit, *gemeinsam* in der Gruppe auszuruhen, da Herz-Kreislauf-Probleme in der Regel *nach* einer hohen Belastung des Kreislaufs auftreten. Ruhen Auszubildende weit verstreut und allein aus, kann es vorkommen, dass ein Kreislaufzusammenbruch nicht von anderen bemerkt wird.

Die gemeinschaftliche Ruhepause kann für ein ungezwungenes Gespräch über den Lerninhalt oder auch für ein gegenseitiges Feedback genutzt werden.

Gemeinsames Pre- und Rehydrieren

Der Flüssigkeitshaushalt des menschlichen Körpers hat beim Atemschutzeinsatz eine Schlüsselbedeutung, da durch ihn die Leistungsfähigkeit beeinflusst und er durch einen hohen Flüssigkeitsverlust beim Schwitzen angegriffen wird. Grundsätzlich sollten Ausbilder und Auszubildende *vor* und *nach* Übungseinheiten gemeinsam ausreichend geeignete Flüssigkeit (auf keinen Fall Alkohol!) zu sich nehmen. Dies hat einen wichtigen Vorbildeffekt auf die auszubildenden Einsatzkräfte und festigt die Wichtigkeit der Flüssigkeitsaufnahme. Bei der Realbrandausbildung muss darüber hinaus der Grundsatz »Wer nicht mindestens einen halben Liter Mineralwasser oder

Apfelsaftschorle vor Beginn eines Übungsdurchgangs trinkt, übt nicht mit« gelten.

Garantieren eines gleich bleibend hohen Sicherheitsstandards

Die Trainer sind, zum Teil unsichtbar und unfühlbar, immer in der Nähe der Übenden und gewährleisten hierdurch eine ständige Beobachtung. So wird ein Eingreifen zu jeder Zeit sowie ein umfassendes Feedback ermöglicht. Außerdem vermittelt dieses Verhalten der Ausbilder unsicheren Übenden ein Sicherheitsgefühl, da sie wissen, dass sich jederzeit Trainer in ihrer Nähe aufhalten, selbst wenn sie nicht zu sehen sind. Das Selbstverständnis eines jeden Trainers muss den Satz »Ich bin beim Training die Sicherheit in Person« beinhalten. Den Ausbildern muss bewusst sein, dass der Sicherheitsstandard des Trainings und damit die Gesundheit der Übenden von ihnen abhängen. Dies müssen angehende Ausbilder bereits während ihrer Ausbildung erlernen.

4.1 Zieh dich warm an!

Die Beziehung von Feuerwehrleuten zu ihrer Schutzkleidung ist eine Art »Hassliebe«[2]: Im Alltag, besonders an warmen Tagen, behindert sie uns durch ihre Masse und lässt uns erheblich schwitzen; im Einsatz hingegen kann sie gar nicht dick genug sein, um uns ein weites Eindringen in die Einsatzstelle zu ermöglichen. Sicherlich haben sich in der Vergangenheit nur die wenigsten Feuerwehrangehörigen Gedanken darüber gemacht, wie diese Schutzkleidung mit unserem Körper interagiert. Das Mikroklima in der Persönlichen Schutzausrüstung während des Trainingsbetriebes und die damit einhergehenden Belastungen und Konsequenzen werden heute in der Regel kaum betrachtet.

Die verwendete Persönliche Schutzausrüstung muss ihren Träger u. a. möglichst wirksam und ausreichend lang schützen [4]. Dies bedeutet für die Einsatzkräfte, dass sie dick isoliert in

---

2 Die hier als Schutz- oder Einsatzkleidung bezeichnete Kleidung ist die so genannte Überbekleidung gemäß DIN EN 469 respektive gemäß der Herstellungs- und Prüfungsbeschreibung für eine universelle Feuerwehrschutzkleidung (HuPF).

einen Brandeinsatz gehen (und bei vielen Feuerwehren aufgrund einer universellen Schutzkleidung für alle Einsatzarten auch in alle anderen Einsätze). Doch was als Schutz gedacht ist, hat auch Nachteile: Es ergibt sich eine erhebliche Beeinträchtigung aus dem subtropischen Mikroklima um unseren Körper herum und einer falschen Anwendung (zur Anwendung und Wirkungsweise der Schutzkleidung siehe Kapitel 8.3 »Die zweite Haut«).

Ein warmer Sommertag

Das Gefühl, wenn wir im Sommer an einem sehr schwülen Tag träge in der Sonne schwitzen, verbindet wohl kaum jemand mit der Schutzkleidung für den Feuerwehreinsatz. Und doch hat dieses subtropische Klima etwas mit uns im Einsatz zu tun. An sehr warmen und dazu noch feuchten Tagen ist die Belastung für den menschlichen Körper sehr hoch.

Wenn es warm ist, schwitzen wir[3]. An sehr warmfeuchten Tagen bildet unser Körper viel Schweiß und kühlt sich durch dessen anschließende Verdunstung. Zusätzlich verstärkt der Körper durch eine Weitung der Blutgefäße in der Haut deren Durchblutung und ermöglicht so eine bessere Abgabe von Körperwärme an die Umwelt. Mit diesen Maßnahmen soll unsere Körperkerntemperatur gesenkt werden. Diese beiden Körperkühlungsfunktionen sind jedoch nur begrenzt einsetzbar: Ein übermäßiges Schwitzen führt zu einem großen Flüssigkeits- und Salzverlust, eine Weitung der Blutgefäße der Haut führt zum Absinken des Blutdrucks.

Die individuellen Beanspruchungen[4], die aus der Belastung resultieren, äußern sich darin, dass wir uns schlapp und müde fühlen und uns möglichst gar nicht bewegen wollen. Aber was hat ein warmer Sommertag nun mit unserer Schutzkleidung zu tun?

Eingepackt in Dämmstoff

Stellen wir uns vor, wir stehen in einer Wüste und sind in eine Hülle aus Mineralfaserdämmstoff eingepackt. Von außen wärmt

---

3   Als Faustwert kann mindestens ein Liter Schweiß pro Stunde angenommen werden.

4   Belastungen sind die Faktoren, die von außen auf Menschen einwirken. Die individuellen Auswirkungen von Belastungen für einen bestimmten Menschen werden als Beanspruchungen bezeichnet.

uns die Sonne und wir fühlen uns angenehm isoliert und normal temperiert. Nach einiger Zeit steigt die Temperatur in unserer Hülle an und uns wird warm – allerdings nicht so warm wie draußen in der Wüste. Wir fangen an zu schwitzen und in unserer Hülle wird es immer wärmer. Mit zunehmender Dauer, die wir in der Dämmung stecken, schwitzen wir noch mehr. Nun befindet sich zwischen unserer Hautoberfläche und der uns umschließenden Dämmstoffhülle eine sehr warme und feuchte Atmosphäre. Diese Situation ist vergleichbar mit dem Sitzen in einer Brandübungs- oder Rauchdurchzündungsanlage: Wir tragen auch dort eine dicke Isolationsschicht (unsere Schutzkleidung) und werden von außen mit Wärme beaufschlagt. Auf diese Weise entsteht ein Klima um uns herum, wie es an sehr schwülen Sommertagen herrscht. Die Belastungen sind für uns die gleichen, wie sie im Sommer auftreten (siehe oben).

Als individuelle Beanspruchungen stellen sich gegebenenfalls eine erhöhte Körperkerntemperatur, ein niedriger Blutdruck und eine höhere Herzfrequenz ein. Infolgedessen sinkt unsere Leistungsfähigkeit (zum Teil unvermittelt und unerwartet). Dies kann so weit gehen, dass wir typische Sommererkrankungen zeigen: Hitzekrampf, Hitzeerschöpfung und Hitzschlag.

Hitzekrampf

Insbesondere bei schweren körperlichen Arbeiten in hohen Umgebungstemperaturen entsteht durch starkes Schwitzen ein Mangel an Flüssigkeit und Mineralien in unserem Körper. Als Folge treten Zuckungen und Krämpfe der Muskulatur auf. Abhilfe schafft eine Zufuhr von Flüssigkeit und Mineralien (Rehydration).

Hitzeerschöpfung (Hitzekollaps)

Als Folge eines intensiven Schwitzens stellt sich in unserem Körper ein Flüssigkeits- sowie Mineralienmangel ein. Und infolge einer Erhöhung der Hautdurchblutung (zur Wärmeabgabe über die Haut) sinkt unser Blutdruck. Pro Zeiteinheit wird so mehr Blut und damit auch mehr Wärme transportiert. Sinkt der Blutdruck aber sehr stark, kommt es zu Kreislaufstörungen und unsere Organe werden nicht mehr ausreichend mit Sauerstoff versorgt. Häufig wird diese Situation als Schwindel, Flimmern vor den Augen oder eine kurze Ohnmacht wahrgenommen. Betroffene wirken oft blass und haben einen schnellen, schwachen

Pulsschlag. Als Hilfsmaßnahmen eignen sich eine flache Körperlage sowie die Wiederherstellung des Flüssigkeits- und Mineralienhaushaltes.

Hitzschlag

Ist unser Körper lange hohen Temperaturen ausgesetzt, entsteht in ihm durch Schwitzen Wassermangel. Langes bzw. starkes Schwitzen führt dazu, dass unser Körper durch einen fortgeschrittenen Mangel an Flüssigkeit nicht mehr weiter schwitzen kann. Die Folge ist eine nur noch unzureichende Wärmeabgabe, in deren Folge ein Wärmestau entsteht. Anzeichen für einen Hitzschlag sind Kopfschmerzen, Übelkeit oder Bewusstlosigkeit. Die Haut ist rot, trocken und heiß, die Körperkerntemperatur (über 41 °C) und die Pulsfrequenz hoch, der Blutdruck zunächst normal, dann aber fallend. Diese Situation ist lebensgefährlich und erfordert dringend kühlende Maßnahmen.

Arbeite dich warm!

Aber nicht nur durch das äußere Einwirken von Wärme entsteht ein subtropisches Mikroklima im Schutzanzug. Auch durch körperliche Arbeit (das kann zum Beispiel auch das Tragen eines Atemschutzgerätes oder anderer Ausrüstungsgegenstände sein) entsteht Wärme. Der Körper produziert Muskelwärme und reagiert mit der Bildung von Schweiß, um sich durch dessen Verdunsten zu kühlen. Die Folge ist das bereits geschilderte Klima im Anzug. Je länger und intensiver wir körperliche Arbeit verrichten, desto schneller tritt die beschriebene Atmosphäre auf. Insbesondere dann, wenn körperliche Arbeit und äußere Einwirkung von Wärme gemeinsam auftreten, stellt sich schnell ein subtropisches Klima in der Schutzkleidung ein.

Hier setzt einmal mehr die Fürsorgepflicht der Ausbilder ein. Wir müssen zum Einen um das Klima in der Schutzkleidung Bescheid wissen, Ruhezeiten für die übenden Einsatzkräfte einplanen und den körperlichen Zustand der Übenden im Auge behalten. Unsere Aufgabe ist es zum Anderen, die Trainierenden mit dem Mikroklima in der Schutzkleidung und dessen Einfluss vertraut zu machen.

Ergänzend zu den bereits allgemein beschriebenen Maßnahmen sind – besonders an sehr warmen Tagen oder bei einer Realbrandausbildung – explizite Erholungsmaßnahmen notwendig:

– Ablegen oder zumindest Öffnen der Schutzkleidung in Ruhepausen[5] sowie
– Kühlen der Unterarme in kaltem Wasser während die Hände abwechselnd geöffnet und geschlossen werden[6] (Bild 1).

Bild 1: Kühlen der Unterarme

Merke:
Kleidung, Wärme und Schwitzen stehen in einem direkten Zusammenhang, der Erholungspausen notwendig macht.

---

5   Vorsicht: Im Winter besteht eine akute Erkältungsgefahr für die durchgeschwitzten Einsatzkräfte, falls keine ausreichend temperierten Aufenthaltsräume zur Verfügung stehen!
6   Das jeweils gerade in den Adern der Unterarme befindliche Blut wird im Wasserbad gekühlt. Durch das Öffnen und Schließen der Hände bewegt sich das Blut schneller durch die Arme hindurch. So kann die Körperkerntemperatur einfach und schnell gesenkt werden. Erfahrungsgemäß stellt sich bei Einsatzkräften, die diese Methode der Abkühlung wählen, zusätzlich sehr schnell ein angenehm kühles Körpergefühl ein.

5   Schwitzen oder Sitzen?

Unter Ausbildern drehen sich Gespräche immer wieder um Themen wie »Theorie oder Praxis?« oder »Welche Medien sind die richtigen?«. Gespräche von Lernenden drehen sich meist um Ausbilder und die Ausbildungsqualität. Anscheinend gibt es keine perfekte Lösung dieser unendlichen Diskussionen. Dennoch versuchen wir hier, diese Lösung aufzuzeigen: Im Ausbildungsalltag zeigt sich immer wieder, dass vielen Ausbildern ein sehr breit gefächertes Spektrum an Hilfsmitteln (Medien) zur Verfügung steht. Wie diese von wem angewendet werden, wird jedoch so gut wie nie betrachtet. Hierin liegt ein wesentlicher Teil des Problems.

Um eine nachhaltige Ausbildung durchführen zu können, ist weit mehr notwendig, als der Einsatz von Hilfsmitteln. Es sind Ausbilder erforderlich, die Lernende emotional begeistern können, die mit Medien umgehen können und die die Lernenden auf ihrem Weg zum Lernziel optimal betreuen und unterstützen.

Die wesentlichen Anforderungen an ein nachhaltiges Lernen sowie an einen zweckmäßigen und lernpsychologisch sinnvollen Medieneinsatz lassen sich wie folgt zusammenfassen:
- Anschlusslernen,
- Ausbilderqualifikation bestimmt die Qualität,
- Ausbilder sind Lernbegleiter,
- Freiheit bei der Medienwahl,
- Einsatz virtueller und multimedialer Hilfsmittel,
- Medien sind Hilfsmittel.

Anschlusslernen

Beim Lernen muss immer an die bisherigen Erfahrungen und das Vorwissen der Lernenden angeknüpft werden, denn nur das, was mit Bekanntem und mit früheren Erfahrungen verknüpft werden kann, wird nachhaltig gelernt [5, 6 und 7]. Zum nachhaltigen Lernen in der Erwachsenenbildung müssen dieses so genannte Anschlusslernen sowie das eigenverantwortliche Lernen so viel wie möglich ausgenutzt werden [8].

Ausbilderqualifikation bestimmt die Qualität

Die Fähigkeiten der Ausbilder bestimmen die Ausbildungsqualität. Dies gilt für die Lernbegleitung sowie auch für den Medieneinsatz. Die Ausbilder sind dafür verantwortlich, dass Lernende durch die verwendeten Medien auf visueller und emotionaler Ebene angeregt, jedoch nicht überreizt werden [8].

Ausbilder sind Lernbegleiter

Nur wenn Ausbilder sich selbst als Lernprozessbegleiter und die Einsatzkräfte als Lernende und nicht nur als Teilnehmer erkennen, wird es ihnen gelingen, eine nachhaltige Wissensverfügbarkeit über die Prüfungen hinaus zu erzielen. Denn durch diese Sichtweise garantieren sie eine individuelle Lernbegleitung auf einem leichten Weg zum Lernziel, was dann auch die Erfüllung des Lehrplans erleichtert [8].

Freiheit bei der Medienwahl

Hinsichtlich der Medienverwendung sollte Ausbildern eine freie Auswahl ermöglicht werden, um die Medien optimal auf die Bedürfnisse der Lernenden abzustimmen. Die Freiheiten der Ausbilder sollten nur durch eine sachgerechte und zielführende Anwendung beschränkt werden [8].

Einsatz virtueller und multimedialer Hilfsmittel

Um eine bessere Nachhaltigkeit und Verfügbarkeit von Wissen zu erreichen, ist die bevorzugte Verwendung von virtuellen und multimedialen Hilfsmitteln in der Feuerwehrausbildung sinnvoll, zumal Multimedialität heute ein selbstverständlicher Teil der allgemeinen Bildungslandschaft ist [8].

Medien sind Hilfsmittel

Menschen sind sehr unterschiedliche Individuen, die unter anderem durch ihre jeweiligen Lebensläufe sowie sozialen Umfelder geprägt sind. Aus diesem Grund müssen sich Ausbilder um jedes einzelne Individuum bemühen und es individuell gemäß seinen speziellen Lernbedürfnissen fördern. Der Medieneinsatz ist dabei lediglich Mittel zum Zweck [8].

Was bedeuten diese Aussagen nun für die klassische Frage nach Theorie oder Praxis?

Grundsätzlich lässt sich sagen, dass eine aktive Auseinandersetzung mit den Lerninhalten – also die Aktivität der Lernenden – immer im Vordergrund stehen muss, denn Lernen[7] kann nur an aktiven Gehirnzellen (Neuronen, die Überträgerstoffe, so genannte Neurotransmitter, aussenden) erfolgen. Sind Lernende abgelenkt bzw. über- oder unterfordert und ihre entsprechenden Neuronen daher passiv, können an ihnen keine Veränderungen stattfinden – es wird nichts gelernt [5]. Die Frage nach Theorie und Praxis spielt dabei nur eine untergeordnete Rolle. Die Hauptrolle hat die Aktivität, das aktive Mitdenken, das aktive Diskutieren einer Problemlage, einer Fachfrage oder eines Beispiels durch die Lernenden. Aber wie lässt sie sich erreichen?

Jeder kennt wohl den Spruch » *Wenn alles schläft und einer spricht, dann ist das Unterricht.*« Genau *das* gilt es zu vermeiden! Die Antwort ist so einfach wie genial: Lassen Sie die Lernenden möglichst viel selbst erarbeiten. Lenken Sie mit anregenden Fragestellungen, Beispielen und provozierenden Nachfragen eine Gruppendiskussion bzw. ein Gruppengespräch oder lassen Sie Problemstellungen in kleinen Gruppen beleuchten. Alles, was Sie den Lernenden vorsagen (also vortragen, ohne dass die Aus-

---

7   Durch Neurowissenschaftler ist heute eindeutig belegt, dass das Gehirn des Menschen ein autonomes, operational in sich geschlossenes System ist. Dieses System ist auf Informationen von außen angewiesen, entscheidet aber selbst, welche Reize der Umwelt in welchem Maße relevant sind und wie sie von den kognitiven Strukturen verarbeitet werden. Eine Erkenntnis ist daher nur zu einem geringen Teil eine Aufnahme externer Anstöße; überwiegend besteht sie aus der Aktivierung bereits vorhandener Gedächtnisinhalte sowie (Neu-)Verknüpfungen des neuronalen Netzwerkes. Lernen ist demzufolge ein selbstbestimmter Prozess, der von außen angeregt, jedoch nicht bestimmt werden kann. Erwachsene sind daher lernfähig, aber sozusagen *unbelehrbar.* Sie treffen eigenverantwortlich Entscheidungen, die sie für richtig halten. Lernen ist also kein Transport von Wissen des Ausbilders in die Köpfe der Lernenden (so genannter »Nürnberger Trichter«). Unterricht ist aber keineswegs wirkungslos. Er muss allerdings die Selbstverantwortlichkeit und den Eigensinn der Lernenden respektieren. Seine Funktion liegt in der Unterstützung und Begleitung der Lernenden [5, 6]. Dies ist insbesondere in der Erwachsenenbildung von erheblicher Bedeutung: Mit zunehmendem Alter wird eine Art *Lernbarriere* aus bestehenden Erfahrungen ausgebildet. Sie führt dazu, dass ein Großteil des Wissens rückgreifend aus bereits vorhandenem Wissen resultiert. Ein Neulernen nimmt daher mit steigendem Lebensalter immer mehr ab [7].

zubildenden vorher darüber nachgedacht haben oder es im Anschluss diskutieren), wird mit großer Wahrscheinlichkeit nicht lange in deren Gedächtnis bleiben. Dagegen wird fast alles, was Auszubildende selbst in die Hand nehmen, im Gedächtnis verankert. Eine weitere Antwort lautet daher: möglichst viel Anfassen, Ausprobieren und Selbstmachen.

6   Schließ die Augen und stell dir vor ...

Je näher der Trainingsbetrieb und das Trainingsumfeld an die gewöhnlich im Einsatz anzutreffenden Gegebenheiten angepasst werden, desto effektiver ist die Lernsituation. Es gilt insbesondere, ein gutes Abbild der Einsatzwirklichkeit zu erzeugen. Je mehr dieses Abbild dem Realeinsatz gleicht, um so eher wird sich der Trainierende auf die Trainingsrealität einlassen. Bei Einsatzübungen, die einer Realsituation gleichen, ist immer wieder zu beobachten, dass Lernende bereits nach kurzer Zeit den Trainingscharakter verdrängen. Befragungen der Lernenden ergaben, dass dieser Verdrängungsprozess deutlich in Abhängigkeit zu den Trainingsbedingungen steht. Dies bedeutet: Je realer das Trainingsumfeld, desto schneller lässt sich der Auszubildende auf die gestellte Situation ein.

Haben Lernende im Training den Eindruck gewonnen, sich innerhalb einer realen Situation zu bewegen, ist das höchst mögliche Ausbildungsniveau realisiert. Dieses Ziel ist über zwei Wege zu erreichen: eine konventionell nachgestellte und eine virtuelle Realität.

Unabhängig davon, welcher Weg beschritten wird, muss in der nachgestellten Welt immer der gleiche Schlüsselreiz wie in der realen Situation verwendet werden, um den richtigen Teil des Gehirns zu aktivieren. Wird ein abweichender Anreiz gegeben, sind im Training und im Einsatz verschiedene Gehirnregionen aktiv – das Lernergebnis ist schlecht. Ein visueller Reiz (z. B. eine Flamme) muss also auch im Training visuell nachgestellt werden (z. B. durch eine echte Flamme, ein Video, einen laminierten Ausdruck oder gegebenenfalls ein Foto). Eine akustische Simulation, z. B. durch einen Ausruf (»Achtung, Durchzündung« oder »Vorsicht, Flammenwalze«), ist kein adäquates Hilfsmittel.

> **Merke:**
> Der in der Realität vorliegende Schlüsselreiz bestimmt im Wesentlichen die Wahl der Darstellungsmittel für das Training.

6.1 Die virtuelle Realität

Wer glaubt, eine virtuelle Realität ist nur etwas für Piloten, der irrt sich. Ein Blick nach Schweden oder zu einigen der deutschen Landesfeuerwehrschulen lässt erkennen, wie dieses moderne Instrument der Ausbildung auch im Feuerwehrwesen immer mehr an Bedeutung gewinnt. Grundsätzlich kann jede erdenkliche Situation virtuell realisiert und für eine sehr effektive Ausbildung verwendet werden. Mit Ausnahme des zum Teil sehr hohen finanziellen Aufwandes sind einer virtuellen Realität heute kaum noch Grenzen gesetzt.

Ein Beispiel ist der Simulator für Atemschutzgeräteträger der ehemaligen staatlichen Feuerwehrschule in Skövde (Schweden). Hier sind vier Projektionsflächen um den Lernenden herum (vorne, hinten, links, rechts) angeordnet und erzeugen so einen dreidimensionalen Raum, in dem er sich frei bewegen kann (Bild 2). Die Bewegung des Lernenden wird über Sensoren an den Beinen in das System übertragen. In Abhängigkeit von der Bewegungshöhe verändert sich auch die Sichtweite (je höher die Körperhaltung, desto kürzer die Sicht). Dies wird durch einen Höhensensor am mitgeführten Strahlrohr realisiert. In diesem Simulator müssen in verschiedenen Szenarien und bei plötzlich auftretenden Ereignissen (schreiende Menschen, Brandausbrei-

Bild 2: Einsatzsimulator für Atemschutzgeräteträger

tung etc.) innerhalb vorgegebener Zeiten Aufträge (z. B. Personensuche und -rettung) erfüllt werden.

In Deutschland befinden sich verschiedene Simulatoren in der Entwicklungs- und Erprobungsphase oder werden bereits eingesetzt. Hierbei handelt es sich im Wesentlichen um interaktive Systeme, die über eine Projektionsfläche eine virtuelle Realität erzeugen. Die bisherigen Systeme sind z.T. allerdings sehr komplex und kostenintensiv sowie im Wesentlichen auf die Führungskräfteausbildung ausgelegt. Es bleibt zu hoffen, dass in Zukunft mehr Simulatoren für weniger finanzstarke Interessenten verwirklicht werden. Bis dahin stellt sich die Frage, wie die im Training nachgestellte Realität wenigstens etwas virtuell ergänzt werden kann. Zur Lösung dieses Problems bieten sich folgende Ideen an.

Mithilfe eines kostenlosen PC-Programms [9] lassen sich u. a. Flammen und Rauch in eigene Fotos retuschieren. Auf diese Weise lassen sich sowohl visuelle Eindrücke für Trupps als auch für Führungskräfte erzeugen. Lediglich die eigene Phantasie sowie die Auswahl an Bildern setzen dem Einsatz dieses Programms Grenzen. Die erzeugten Szenarien können per Beamer im Unterrichtsraum gezeigt, in Übungsszenarien hineinprojiziert oder bei Übungen als laminierte Ausdrucke (DIN A4 oder besser DIN A3) verwendet werden.

Eine weitergehende Möglichkeit bieten animierte Szenarien, die über das Internet kostenlos genutzt werden können [10]. Hier sind verschiedene Einsatzarten und -orte (freistehende und geschlossene Wohnbebauung, Geschäftsgebäude, ein Hochhaus etc.) von der Fahrt zur Einsatzstelle über das Erkunden beim Eintreffen bis hin zu den Auswirkungen von getroffenen Maßnahmen nachgestellt. Die Situationen sind interaktiv, d. h. sie verändern sich je nach Eingriff des Lernenden. Aufgrund des Ursprungs finden amerikanische Gebäude und Einsatzmittel Verwendung. Dies hat jedoch fast nur Auswirkungen in der Form, dass eine andere Optik vorliegt. Die zur Verfügung gestellten Szenarien können mithilfe eines Beamers gut für Unterrichtsgespräche verwendet werden.

In den Internetszenarien können die Gebäude zum Teil leider nicht begangen werden. Diese Möglichkeit eröffnet insbesondere eine kostenlose Testversion eines amerikanischen Anbieters von Simulationssoftware [11]. Auch hier werden aufgrund des Ursprungslandes ausschließlich amerikanische Gebäude und Einsatzmittel verwendet, die Software eignet sich dennoch zum Erlernen von Einsatztaktiken. Weitere Test- und

Vollversionen verschiedener Simulationsprogramme sind im Internet in einem amerikanischen Produktkatalog aufgelistet [12].

Eine weitere Möglichkeit einer virtuellen Realität bietet ein handelsüblicher Computer in Kombination mit einem Beamer. Diese Variante ist zwar lediglich begrenzt interaktiv, lässt sich aber sehr einfach umsetzen: Über den Beamer lassen sich Bilder von Rauch- und Flammenerscheinungen in Trainingssituationen hineinprojizieren (zum Beispiel an eine Wand bei einem Strahlrohr- oder Absuchtraining in einem abgedunkelten Raum). Sollen bestimmte Handlungsweisen bzw. Reaktionen von den Lernenden ausgeführt werden, so wird der Beamer kurzzeitig mit einem entsprechenden Bild angeschaltet. Ebenso kann verfahren werden, um die Konsequenzen des ausgeführten Handelns abzubilden.

6.2   Die konventionell nachgestellte Realität

Für die Atemschutzausbildung ist die Erzeugung des richtigen Lernumfeldes besonders wichtig, denn die Auszubildenden müssen nicht nur mit den psychischen, sondern auch mit den physischen Belastungen des Atemschutzeinsatzes vertraut sein. Diese Vertrautheit erlangen sie nur durch das Tragen von Atemschutzgeräten (in nachgestellten Einsatzszenarien). Das eigene Erleben der Situation und der Anstrengung des Arbeitens unter Atemschutz kann virtuell ergänzt, jedoch nicht virtuell nachgebildet werden.

Wie können Einsatzbedingungen für das Training einfach, ohne große finanzielle Mittel und ohne Computertechnik nachgestellt werden? Dies kann durch schlichte Hilfsmittel, welche die belastenden Faktoren des Atemschutzeinsatzes möglichst exakt nachbilden, erreicht werden.

Achtung:
Je mehr belastende Faktoren eins zu eins nachgestellt werden können, desto näher ist die Ausbildung an der Realität angelehnt. Ist eine Ausbildung realitätsnah, sind die mit der Einsatzwirklichkeit einhergehenden Gefahren ebenso präsent. Deshalb sollte vor jeder Praxiseinheit eine Gefährdungsbeurteilung (siehe auch Kapitel 2 »Vorbereitung ist alles«) stehen.

Die Antwort auf die Frage nach dem »Wie?« ist also banal: einfache Hilfsmittel verwenden. Je nach Kombination und gewählter Intensität dieser Mittel können verschiedene Schwierigkeits- bzw. Belastungsstufen erzeugt werden. Es liegt auf der Hand, dass zum Beispiel eine Übung in unbekannten Räumlichkeiten unter Nullsicht und Zeitdruck eine andere Schwierigkeitsstufe darstellt, als ein vergleichbares Szenario bei voller Sicht in bekannten Räumen. Die Hilfsmittel lassen sich in vier Hauptwirkweisen einteilen:

- Zeitdruck,
- Sichtbehinderung (bis hin zur Nullsicht),
- Kommunikationsbehinderung sowie
- Umgebungsbedingungen.

Die jeweiligen Darstellungsmittel können die Einsatzrealität natürlich nicht exakt nachbilden, das kann auch eine Brandübungsanlage nicht. Eine exakte Detailnachbildung ist auch nicht unbedingt erforderlich. Vielmehr reicht es aus, einen belastenden Faktor durch einen anderen zu ersetzen, um ein Realitätsgefühl zu erzeugen. So wird zum Beispiel der Erfolgsdruck, der sich bei der Suche nach einer vermissten Person von selbst einstellt, bei einer Übung durch einen künstlichen Zeitdruck nachgebildet.

Zeitdruck

- konkrete Zeitvorgaben,
- begrenzte Aufenthaltsdauer,
- permanente Nachfragen über Funk (z. B. simulierter nervöser Atemschutzüberwacher, cholerischer Einsatz- oder Abschnittsleiter),
- gezielter Eingriff der Ausbilder (z. B. Einspielen des Geräuschs von unter Druck austretender Atemluft, Aussagen wie »denkt daran, die Luft des Verletzten geht zur Neige« oder das Abblasen von Luft aus dem Atemluftbehälter eines Verletztendarstellers unter Atemschutz).

Sichtbehinderung

- Tragen von zerkratzten Schwimmbrillen (z. B. zum Erlernen von Handgriffen ohne das Tragen von Atemschutz),
- Verwendung von zerkratzten oder beschichteten Sichtscheiben der (Übungs-)Atemanschlüsse,

Bild 3: Rauch-erzeugung mit nasser Holzwolle

- leichter Nebel,
- an den Sichtscheiben der Atemanschlüsse befestigte milchige Folien,
- Raucherzeugung durch das Verbrennen von kleinen Mengen nasser Holzwolle in einem Blechfass (Bild 3; Achtung: *nur* durch speziell dafür ausgebildete Ausbilder in speziellen Ausbildungsörtlichkeiten!).

Nullsicht

- Tragen von schwarz lackierten Schwimmbrillen (z. B. zum Erlernen von Handgriffen unter Nullsicht ohne durch andere Faktoren abgelenkt zu sein),
- an den Sichtscheiben der Atemanschlüsse befestigte Über-schuhe (wie sie in Operationssälen oder auf Baustellen getragen werden),
- Abkleben der Sichtscheiben der (Übungs-)Atemanschlüsse mit undurchsichtigem Klebeband oder Klebefolie[8],

---

8 Das Abkleben der Sichtscheiben von Atemanschlüssen, die nicht ausschließlich für Übungen verwendet werden, wird nicht empfohlen, da Klebstoffrück-stände die Sichtscheibe nachhaltig beschädigen können.

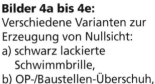

Bilder 4a bis 4e:
Verschiedene Varianten zur
Erzeugung von Nullsicht:
a) schwarz lackierte
   Schwimmbrille,
b) OP-/Baustellen-Überschuh,
c) zerkratzte Sichtscheibe,
d) Folie mit Gummiband,
e) abgeklebte Sichtscheibe

39

- dichter Nebel[9],
- vollkommen abgedunkelte Räumlichkeiten,
- Überziehen der Flammschutzhaube über die Sichtscheibe des Atemanschlusses (sodass sich die Öffnung für die Sichtscheibe des Atemanschlusses am Hinterkopf befindet),
- Benutzen von speziell für die Atemanschlüsse konfektionierten Abdecksystemen,
- Raucherzeugung durch das Verbrennen von nasser Holzwolle in einem Blechfass (Achtung: *nur* durch speziell dafür ausgebildete Ausbilder in speziellen Ausbildungsörtlichkeiten!).

Die Bilder 4a bis 4e zeigen verschiedene Varianten zur Erzeugung von Nullsicht.

Tipp: Bei Übungen kann mit Trassierband die Rauchgrenze dargestellt werden, ab der bzw. bis zu der Abdeckungen der Atemanschlüsse von den Übenden getragen werden müssen. An der markierten Grenze werden die Abdeckungen von Ausbildern oder Beobachtern bei den Übenden eingesetzt bzw. abgenommen. Ein solches Vorgehen vermeidet und entschärft Missverständnisse und Diskussionen.

> **Merke:**
> Alles, was unter Nullsicht beherrscht wird, wird auch bei Sicht sicher beherrscht. Aber nicht alles, was bei Sicht ausgeführt werden kann, kann auch bei Nullsicht durchgeführt werden!

Kommunikationsbehinderung (Geräuschkulisse)

- Abspielen von Hintergrundgeräuschen mittels eines Audiogerätes (z. B. Geräuschkulisse von Industrieanlagen, Alarmton einer Brandmeldeanlage, Volksmusik im Zehnsekunden-

---

9 Nebel, Holzwollerauch und abgedunkelte Räume eignen sich nur bedingt für die Simulation von eingeschränkter Sicht bzw. Nullsicht, da den Ausbildern ebenfalls die Sicht genommen wird. Hierdurch ist ein gezieltes Eingreifen nicht möglich. Das Beobachten der übenden Trupps ist dann nur möglich, wenn eine Wärmebildkamera eingesetzt wird. Sollte es zu einer Panik kommen, kann der Nebel oder Rauch oft nicht schnell genug aus dem Übungsobjekt abgeführt werden.

Bild 5: Benutzen eines Megaphons bei einem Notfalltraining

intervall gemischt mit Techno und Heavy Metal, völlig verrauschter Radiosender oder ausländischer Funkverkehr),
– akustisches Notfallsignal eines persönlichen Notsignalgebers,
– Gespräche von Personen im Hintergrund in unterschiedlicher Lautstärke,
– Bewegen von Blechen oder Fässern auf dem Boden,
– Schlagen gegen Fässer oder Bleche,
– Laufenlassen eines Lüfters bzw. Belüftungsgerätes im Hintergrund,
– Sprechen durch ein Megaphon oder einen Verkehrsleitkegel,
– Auslösen eines Heimrauchmelders,
– Benutzen (der Sirene) eines Megaphons (Bild 5).

Umgebungsbedingungen

Eine erschwerte Bewegung im Raum (wie zum Beispiel in einer Messiewohnung oder bei umgestürzten Regalen) kann dadurch erzeugt werden, dass Hindernisse entsprechend platziert werden. Räume können aber auch so ausgewählt werden, dass sie bereits durch ihre originäre Möblierung erschwerte Bedingungen gewährleisten (z. B. Klassenräume oder verwinkelte Industrieanlagen). Als geeignete Hindernisse haben sich Kombinationen aus folgenden Gegenständen erwiesen:

- mit Wasser gefüllte (Schaummittel-)Kanister,
- Rüstholz unterschiedlicher Größe,
- seitlich liegende Bierzeltgarnituren[10],
- Verkehrsleitkegel,
- leere Pappkartons,
- leere Fässer,
- quer durch den Raum gespannte Leinen (Verwendung von alten Leinen, sodass sie zerschnitten werden können) oder gespanntes Trassierband,
- in Schlaufen ausgelegtes (nasses[11]) Schlauchmaterial,
- Europaletten,
- Möbel und sonstige Einbauten,
- mit Schraubzwingen befestigte Holzteile (z. B. vor Türen).

Mit über einen Weg oder Flur gespannten Leinen oder Leitungen (natürlich stromlos!) kann ein Kellerbrandszenario nachgestellt werden (durch thermische Einwirkung geschmolzene Kabelschellen), bei dem es gilt, sich (im Trupp) zum Trainieren einer gewissen Stressresistenz durch das Gewirr zu kämpfen.

Achtung:
Wenn Leinen oder Trassierband bei Nullsichtübungen quer gespannt werden, müssen die Ausbilder besonders darauf achten, dass die Übenden beim Entfernen bzw. Zerschneiden dieser Hindernisse nicht die Mitteldruckleitungen ihrer Lungenautomaten beschädigen bzw. sich selbst oder Dritte gefährden!

Das Bild 6 zeigt ein Beispiel für ein einfaches Übungsszenario, das Bild 7 ein Beispiel für das Übungsszenario »Messiewohnung«.

---

10 Tische und Bänke sollten ausschließlich seitlich liegend verwendet werden, um Verletzungen durch Umfallen auszuschließen.

11 Hier ist die Nässe des Schlauches gemeint, nicht eine gefüllte Schlauchleitung. Sie dient dazu, die Griffigkeit des durch den Schlauch geschaffenen Hindernisses zu verändern.

Bild 6: Beispiel für ein einfaches Übungsszenario

Bild 7: Beispiel für das Übungs-szenario »Mes-siewohnung«

Bild 8: Beispiel für ein unvorhergesehenes Hindernis

Durch folgende Maßnahmen lassen sich Ereignisse gestalten, die in der Regel zumindest in ihrem Eintreffzeitpunkt von den übenden Einsatzkräften nicht vorhergesagt werden können:

– verstellte oder verschlossene Türen im Verlauf des Rückzugswegs (Bild 8),
– plötzliche laute Geräusche (siehe auch »Kommunikationsbehinderung«),
– bewusst durch die Ausbilder herbeigeführte Kontaktverluste,
– simulierte Notfälle im Trupp[12],
– simuliertes Verfangen in einer Leine (ein Ausbilder bindet den Pressluftatmer des betreffenden Übenden mit einer Leine an einem unbeweglichen Hindernis fest),
– Simulation von herabfallenden Teilen aus Regalen bzw. von Decken,
– Simulation von herabfallenden Teilen oder Teileinstürzen im Hintergrund (Fallenlassen von leeren Plastikflaschen bzw. leeren Getränkekisten).

---

12 Zum Beispiel legt sich ein Truppmitglied auf Anweisung eines Ausbilders auf den Boden, schließt ggf. die Augen und bewegt sich nicht mehr. Hierbei muss dem Verletztendarsteller aus Sicherheitsgründen die Sicht wiedergegeben werden.

Bei Übungen besteht immer wieder die Notwendigkeit, die Örtlichkeit des angenommenen Brandherdes darzustellen. Dies kann z. B. durch Verwendung einer oder mehrerer Standardblitzlampen, die normalerweise zur Verkehrsabsicherung eingesetzt werden, erfolgen. Bereits im Vorfeld der Übung sollte dann festgelegt werden, wann der simulierte Brand als »gelöscht« gilt. Eine bewährte Festlegung ist zum Beispiel folgende: Der simulierte Brand gilt bei der Verwendung von Blitzlampen als gelöscht, wenn der vorgehende Trupp die Lampen ausgeschaltet hat.

Die Simulation von erhöhten Temperaturen stellt eine besondere Herausforderung dar, da nicht überall mit echtem Feuer gearbeitet werden kann und die Bedingungen dennoch so realistisch wie möglich sein sollen. Sind keine Realbrandübungsanlagen vorhanden oder sollen Trainings gezielt ohne sie durchgeführt werden, so können folgende Maßnahmen angewendet werden:

- Üben in stark geheizten Räumen (z. B. Heizungsanlagen oder Industriebereiche),
- Laufen auf einer Treppe, einem Laufband oder einer Endlosleiter bevor die eigentliche Übung beginnt,
- Verwendung von Infrarotstrahlern,
- Verwendung von begrenzten Feuern in Blechfässern (Achtung: nur durch speziell dafür ausgebildete Ausbilder in speziellen Ausbildungsörtlichkeiten!).

Achtung:
Nur speziell dafür ausgebildete Ausbilder dürfen unter gezielter Anwendung in besonderen Örtlichkeiten mit echtem Feuer ausbilden! Zur sicheren Durchführung einer auch noch so begrenzten Realbrandausbildung bedarf es einer speziellen Ausbildung! In der Vergangenheit hat es schon viel zu viele Unfälle durch unsachgemäß vorbereitete bzw. durchgeführte Realbrandübungen gegeben!

Immer wieder besteht auch die Möglichkeit, in einem Gebäude zu üben – meist jedoch verbunden mit der Auflage, kein Wasser zu verwenden bzw. keinen Wasseraustritt zu verursachen. Diese Auflage schränkt das Üben erheblich ein, denn ein Vorgehen mit leeren Schläuchen hat mit der Einsatzrealität nicht viel gemeinsam. Dieses Problem kann aber umgangen werden:

Bild 9: Einlegen einer Trennscheibe in die Schlauchleitung

– Mitführen von mit Sand anstatt mit Wasser gefüllten C-Schläuchen,
– Benutzen von mit Wasser gefüllten C-Schläuchen, die zwischen Strahlrohr und Schlauchleitung mit einer Aluminiumtrennscheibe verschlossen sind (Bild 9, das Strahlrohr kann bestimmungsgemäß benutzt werden, es tritt jedoch kein Wasser aus) [13], alternativ kann bei C-Mehrzweckstrahlrohren zwischen dem Mundstück und dem Strahlrohrkörper auch ein 20 Cent-Stück eingelegt werden (nach der Übung nicht vergessen!),
– Verwenden von mit Druckluft gefüllten Schläuchen, um sich bei Notfalltrainings an den Schläuchen entlang zum »verunglückten« Atemschutztrupp vorantasten zu können (Bild 10).

Bei Notfalltrainings können erschwerte Umgebungsbedingungen auch dadurch erzeugt werden, dass sich der übende Sicherheitstrupp von einem Verteiler aus, von dem mehrere dicht nebeneinander verlegte bzw. ineinander verschlungene Schlauchleitungen abzweigen, zum Verletztendarsteller vorantasten muss. Je nach Einsatzbefehl (z. B. »dieser Eingang« oder »erstes Rohr«) kann diese Lage nochmals variiert werden.

Unabhängig davon, welcher der vorgestellten Wege gewählt wird oder ob diese sogar kombiniert werden, muss durch das

Bild 10: Mit Druckluft gefüllte Schlauchleitung

simulierende Element immer der Sinn des Lernenden angesprochen werden, der auch in der Realität angesprochen wird. Einen visuellen Reiz (z. B. schnelle Flammenausbreitung) bei einer Übung mit einem Kommando zu simulieren, funktioniert zwar, aber das damit erlernte Handeln wird niemals in vollem Umfang (wenn überhaupt!) auf die Realität übertragen werden.

7   Der Mythos des ungefährlichen Atemschutzeinsatzes

Der unerschütterliche Glaube, in jeder Situation handlungsfähig zu bleiben, ist traditionell fest in der Feuerwehrwelt verankert. Welcher Ausbilder hat nicht schon mindestens einmal einen der folgenden Kommentare von einer Führungskraft oder einem Atemschutzgeräteträger gehört?

– »Uns passiert so etwas nicht!«
– »Wir sind Profis!«
– »Den schlepp ich da raus!«
– »Dann mach ich Wechselatmung, wie beim Tauchen!«
– »Das haben wir früher auch nicht gebraucht!«
– »Viel zu viel Ausbildung!«

Diese Vorstellungen zeigen, dass ein Teil der Atemschutzgeräteträger sich bisher kaum damit beschäftigt hat, dass ein Handeln unter Extrembedingungen, wie sie im Atemschutzeinsatz vorkommen können (z. B. Nullsicht, Orientierungslosigkeit, hohe Umgebungstemperatur, Luftnot, Panik, Todesangst), nicht ansatzweise mit dem Handeln unter normalen Bedingungen (u. a. Sicht, Zimmertemperatur, Selbstsicherheit, bekannte Umgebung) vergleichbar ist. Ungeachtet dessen halten sich die oben genannten Vorurteile oft hartnäckig unter den Feuerwehreinsatzkräften [14].

Nun stellt sich jedem Ausbilder, der mit diesen Mythen konfrontiert wird, die Frage, wie er mit ihnen umgehen soll. Die Autoren sind der Meinung, dass ein Ignorieren dieser Anschauungen eine ungenutzte Chance zum Lernen ist und eine intensive Diskussion dieser Standpunkte eine gute Möglichkeit bietet, an vorhandenes Wissen anzuknüpfen.

»Uns passiert so etwas nicht!«

Dies ist eine typische und auch nachvollziehbare Reaktion bei einer Konfrontation mit Unfallberichten anderer Feuerwehren. Ohne persönliche Betroffenheit ist es eine charakteristische menschliche Reaktion, eine Übertragung der Situation auf sich selbst abzulehnen. Durch eine genaue Analyse der Situation, also der Umstände und der technischen Ausrüstung, gelingt es jedoch fast immer, einen Bezug und hierüber eine Übertragung herzustellen. Oft zeigt sich bei einer eingehenden Betrachtung eines Unfallszenarios, dass die Ausrüstung und der Ausbildungsstand vergleichbar mit den eigenen waren. Der Umstand, dass sich vielerorts bisher kein Notfall ereignet hat, bedeutet keinesfalls, dass Einsatzkräfte in jeder Situation handlungsfähig bleiben und jede Situation überleben. Allen Feuerwehreinsatzkräften muss vielmehr klar sein, dass jederzeit ein Notfall eintreten kann.

»Wir sind Profis!«

Dieser Mythos ist einer der gefährlichsten, da er dogmatisch angewendet wird und keinen Widerspruch duldet. Niemand bezweifelt, dass Feuerwehrleute mit einem guten Ausbildungs- und Ausrüstungsstand Profis sind – aber auch absolute Fachleute sind sterblich. So sehr wir Feuerwehrleute uns auch etwas anderes wünschen, biologische und physikalische Grenzen lassen sich nicht beliebig verschieben [14]!

»Den schlepp ich da raus!«

Der am weitesten verbreitete Mythos lautet: »Den schlepp ich da raus«. Leider sieht die Realität anders aus: Jeder Atemschutzgeräteträger, der schon einmal versucht hat, einen anderen Atemschutzgeräteträger oder eine Übungspuppe mit einem Gewicht von 80 kg durch Wegschleifen aus einer gestellten Gefahrensituation zu verbringen, weiß, dass dies mit einem erheblichen Kraftaufwand verbunden ist. Ein Hängenbleiben der Ausrüstung, der Bekleidung oder von Extremitäten des »Verletzten« ist unausweichlich und ein Transport über Treppen oder Trümmer nur unter zusätzlichen Gefahren möglich, da hier u. a. die Gefahr einer Beschädigung oder des Schließens der Ventile der Atemluftbehälter besteht. Ein Transport über Treppen wird weiterhin dadurch eingeschränkt, dass der Transportwiderstand beim Schleifen auf unebenen Flächen beträchtlich ist und Treppenläufe oftmals nicht breit genug sind, um einen verletzten Atemschutzgeräteträger den Treppenverlauf entlang zu transportieren [15]. Ohne Zuhilfenahme eines formstabilen Rettungsmittels (z. B. einer Korbtrage) ist ein Wegschleifen nur unter Idealbedingungen (glatte Böden ohne Treppen, kurze Wege) ohne umfangreiches Training möglich [15].

»Dann mach ich Wechselatmung, wie beim Tauchen!«

Der Begriff »Wechselatmung« bedeutet, dass sich zwei Atemschutzgeräteträger bei einem Notfall ein Atemschutzgerät teilen und abwechselnd denselben Lungenautomaten benutzen. Das ist prinzipiell eine gute Idee, funktioniert aber nicht! Warum?

Ein Atemschutzgeräteträger hat im Einsatz eine durch körperliche Anstrengung verursachte hohe Atemfrequenz. Diese wird bei einem Notfall durch die erhebliche Stressbelastung zusätzlich gesteigert (so genannte Panikspirale). Muss der Atemschutzgeräteträger nun bei einer Wechselatmung den Atem anhalten, führt dies zwangsläufig zu einer Sauerstoffschuld, die wiederum einen starken Atemreiz hervorruft, der dauerhaft nicht unterdrückt werden kann. Wird während der Trupppartner den Lungenautomaten benutzt oder durch einen undichten Sitz des Lungenautomaten Umgebungsluft eingeatmet, so kommt es durch die Atemgifte in der Umgebungsatmosphäre zu einem starken Hustenreiz (so genannte unwillkürliche Atmung). All dies führt fast zwingend dazu, dass bei einer Wechselatmung Umgebungsluft eingeatmet wird, daher ist sie ungeeignet, um eine Luftnot zu überbrücken [14].

»Das haben wir früher auch nicht gebraucht!«

Die Taktik bei der Gebäudebrandbekämpfung unter Atemschutz hat sich verändert. Früher standen die Einsatzkräfte lediglich vor dem Brandobjekt bzw. sind nur sehr begrenzt in dieses eingedrungen. Heute wird in der Regel der Innenangriff dem Außenangriff vorgezogen, da hierdurch eine größere Einsatzeffektivität erreicht wird. Gleichzeitig ermöglicht die Weiterentwicklung der Ausrüstung es, weiter in Brandobjekte einzudringen. Hierdurch und durch die verbesserte Wärmeisolierung von Gebäuden sind die Belastungen und Beanspruchungen von Einsatzkräften heute höher als früher. Somit ist eine veränderte und dem Einsatzalltag angepasste Ausbildung inklusive einer intensiven Notfallvorbereitung obligatorisch [15].

»Viel zu viel Ausbildung!«

Stimmt, es ist viel Ausbildung erforderlich! Aber auch hier gilt: Eine weiterentwickelte Technik und eine andere Taktik erfordern eine veränderte Ausbildung. Eine gute Ausbildung muss immer die Wirklichkeit abbilden, um optimal auf den Einsatzalltag vorzubereiten [14]!

8 Die Schultüte

In diesem Kapitel wenden wir uns nun den konkreten Trainingsinhalten zu.

8.1 Alles anders

Das Arbeiten unter Atemschutz ist anspruchsvoll. Für den einen oder anderen Ausbilder mag das über viele Jahre zur Gewohnheit geworden sein. Deshalb fordern wir genau diese Leser auf, eine kleine Zeitreise zurück zu ihren Feuerwehranfängen zu unternehmen. Erinnern Sie sich daran, wie es war, das erste Mal unter Atemschutz!

Das Atmen fiel schwer, die Ein- und Ausatemphase war deutlich zu hören. Das Sichtfeld war ungewohnt eingeschränkt, der Dichtrahmen der Maske lag eng am Gesicht an. Man sprach seinen Trupppartner an, aber der verstand einen nicht. Wenn dieser sich verständlich machen wollte, verstand man meist ebenfalls nichts. »Du musst lauter und deutlicher sprechen, sonst verstehe ich dich nicht!« – ein häufiger Satz bei den ersten Übungen und Einsätzen unter Atemschutz. Treppen steigen – ohne Atemschutz tägliche Routine, mit dem Atemschutzgerät auf dem Rücken anfangs sehr beschwerlich und mühsam. Man zog die Luft förmlich in die Lunge hinein. Das Ganze erfolgte leicht verzögert, eventuell sogar noch durch einen Atemwiderstand erschwert. Man blickte kurz zu den Stufen herunter und merkte, dass die eigenen Füße nicht zu erkennen sind. Die ersten Schritte waren mal zu kurz, mal zu lang. Oft sah man einen nach oben gerichteten, fragenden Blick: »Wie viele Etagen muss ich noch gehen?« Vorbei war die Routine – willkommen in einer anderen Welt!

Diese Welt gilt es nun gemeinsam mit den auszubildenden Einsatzkräften zu entdecken. Hierbei kann die Rückbesinnung auf die eigenen Anfänge sehr nützlich sein. Um den angehenden Atemschutzgeräteträgern den Schritt in die »andere Welt« zu erleichtern, helfen Verständnis, Geduld und Aufklärung. Die

Aufklärung darf sich jedoch nicht allein auf die Gerätetechnik, Bauteilbezeichnungen (»Schräubchenkunde«) und Technikvertrauen beschränken. Vielmehr muss sie auch deutlich darstellen, dass der Einsatz unter Atemschutz eine sehr anspruchsvolle Tätigkeit darstellt und nicht frei von Gefahren ist.

Wer nur unter Nutzung eines Atemschutzgerätes seinen Einsatzauftrag erfüllen kann, geht ein gesundheitliches Risiko ein. Die Benennung der Risiken ist Teil der Aufklärungsarbeit. Natürlich ist jeder Atemschutzausbilder darauf bedacht, den Auszubildenden nicht über Gebühr zu belasten, aber im Grunde ist der Lernende für den Ausbilder ein unbeschriebenes Blatt. Es obliegt dem Gespür und der Erfahrung des Ausbilders, herauszuarbeiten, wie sich der Einzelne unter Atemschutz verhält, wie er sozusagen »tickt«. Ein starres Ausbildungsschema und ein eng gesteckter Stundenplan können für den Einen oder Anderen kontraproduktiv sein. Aussagen wie: »*Stell dich doch nicht so an!*«, »*Da musst du jetzt durch!*« und »*Das haben andere auch geschafft!*« werden demjenigen nicht weiterhelfen, der Probleme beim Tragen von Atemschutzgeräten erkennen lässt. Vielmehr ist es wichtig, den Lernenden dort abzuholen, wo er momentan steht. Erkennt der Atemschutzausbilder hier nicht die Notwendigkeit einer individuellen Betreuung, ist vielleicht bereits das erste Trauma beim Auszubildenden ausgelöst. Nicht selten setzen sich auszubildende Einsatzkräfte aus falsch verstandenem Ehrgeiz, aufgrund gruppendynamischer Prozesse oder zur Erreichung eines Lebenstraums über die eigenen Grenzen hinweg. Auch das Erkennen von persönlichen Grenzen ist ein wichtiges Lehrgangsziel!

Welche Möglichkeiten für eine effektive Gewöhnung an das Tragen von Atemschutzgeräten gibt es nun konkret?

Siehst du den Ball?

Eine Gewöhnung an das Tragen von Atemanschlüssen (mit und ohne Atemschutzgerät) und die dadurch hervorgerufene Einschränkung des Gesichtsfeldes kann durch eine Vielzahl von Gewöhnungsübungen erreicht werden. Als erstes sollte ebenes Gelände begangen werden, um ein generelles Gefühl für das eingeschränkte Sichtfeld zu bekommen. Im Anschluss daran wird das Anforderungsniveau stufenweise erhöht. Dies kann unter anderem sehr gut durch das Begehen von unebenem Gelände, das Zuwerfen von Bällen (z. B. beim Ballspiel »Völkerball« [16]), das Übersteigen von Hindernissen (z. B. beim Begehen von Kinderspielplätzen), das Besteigen von Treppen und Leitern oder das Begehen von verwinkelten Objekten (z. B. Industrieanlagen [17]) erreicht werden. Insbesondere das Zuwerfen von Bällen und das Begehen von verwinkelten Objekten haben sich als sehr effektiv erwiesen, wie Befragungen von Auszubildenden zeigen.

> **Merke:**
> Durch Ausprobieren und »Spielen« können sich Auszubildende gut an das durch den Atemanschluss veränderte Sichtfeld gewöhnen.

Konzentrier dich!

Zur Verdeutlichung der mit dem Tragen von Atemschutzgeräten verbundenen Anstrengung haben sich Konzentrationsaufgaben sehr bewährt. Oft bemerken wir im Einsatz gar nicht, wie belastet wir sind. Das zeigen im Nachhinein die Aufzeichnungen unserer Pulsfrequenzen während (Belastungs-)Übungen, sofern ein solches System vorhanden ist. Um Atemschutzgeräteträgern ihre eigene Belastung zu verdeutlichen, kann z. B. an einer Stelle in der Atemschutzübungsstrecke ein kleiner Kasten mit einem Kartenspiel platziert werden. Die übenden Atemschutzgeräteträger bekommen die Aufgabe, jeweils eine bestimmte Karte aus der Übung mitzubringen. Durch die Aufgabe wird ein feinmotorisches Handeln erzwungen, wobei den Einsatzkräften z. B. durch fahrige Bewegungen oder das Zittern ihrer Hände bewusst wird, wie sehr sie im Augenblick belastet sind, obwohl sie dies kaum wahrnehmen. Ein hilfreicher Nebeneffekt dieser eingebauten Konzentrationsaufgaben ist das kurze Verschnaufen und Durchatmen der Atemschutzgeräteträger an dieser vorgegebenen Stelle. Als geeignete Variation mit einem entsprechenden Effekt hat sich das Hinein- bzw. Herausdrehen von großen Schrauben in einen bzw. aus einem fest montierten Block erwiesen. Auch das Umfahren eines vielfach gebogenen Drahtes mit einer Drahtöse (beim Kontakt der beiden Drähte ertönt eine Klingel oder leuchtet ein Licht auf) ist eine gute Variante [16].

> **Merke:**
> Schon mit sehr begrenzten Konzentrationsübungen können Atemschutzgeräteträgern ihre derzeitigen Belastungen visualisiert und aufgezeigt werden.

8.2 Alles unter Kontrolle?

Fast jeder von uns kennt die Situation: Man steht vor einer Überwachungstafel und soll die Atemschutzüberwachung wahrnehmen. Wir notieren dann oft Zeiten und Drücke ohne eigentlich zu wissen, was wir da genau machen. Der eigentliche Grund für diese Tätigkeit, das schnelle Auffinden eines Atemschutztrupps bei einer Notsituation, ist uns dabei oft ebenso wenig bewusst wie die Tatsache, dass eine Überwachung weit mehr ist, als das Notieren von Pressluftatmerdrücken und Einsatzzeiten. Aber welche Tätigkeiten gehören eigentlich zu einer Atemschutzüberwachung?

Grundsätzlich muss gemäß Feuerwehr-Dienstvorschrift (FwDV) 7 bei jedem Einsatz und jeder Übung mit Pressluftatmern eine Atemschutzüberwachung durchgeführt werden. Diese ist als die Gesamtheit aller Maßnahmen zur Kontrolle und Unterstützung der unter Atemschutz eingesetzten Trupps definiert. Sie beinhaltet insbesondere die Registrierung und Zeitüberwachung der im Einsatz befindlichen Atemschutztrupps. Die FwDV 7 sieht weiterhin vor, dass sich die Atemschutztrupps mindestens nach dem Anschließen des Lungenautomaten an den Atemanschluss, bei Erreichen des Einsatzzieles sowie beim Antritt des Rückweges über Funk bei der Atemschutzüberwachung melden. Außerdem schreibt die FwDV 7 vor, dass der Atemschutzüberwacher jeweils nach einem Drittel und nach zwei Dritteln der bei einem durchschnittlichen Luftverbrauch zu erwartenden Einsatzzeit[13] den Atemschutztrupp über Funk ansprechen und ihn auf die Beachtung der Behälterdrücke der Atemluftflaschen hinweisen muss. Somit ergeben sich folgende Aufgaben für die Atemschutzüberwachung:
- Registrierung der Atemschutztrupps (Notieren der Truppbezeichnung, der Namen der Atemschutzgeräteträger, der Startzeit des Atemschutzeinsatzes, der Startdrücke der Atemschutzgeräte, des vom Trupp genommenen Zugangs in das Einsatzobjekt und des genauen Aufenthaltsortes des Trupps),
- Abschätzen der verbleibenden Resteinsatzzeit bis zum Beginn des Rückzuges des entsprechenden Atemschutztrupps,
- Abfrage von Aufenthaltsorten sowie Drücken der Pressluftatmer zu bestimmten Zeitpunkten (nach einem Drittel

---

13 Diese Einsatzzeit ist vom eingesetzten Atemschutzgerätetyp abhängig. Bei einem Pressluftatmer mit einem Luftvorrat von 1600 Litern beträgt sie zirka 30 Minuten (Faustformel).

und nach zwei Dritteln der errechneten Resteinsatzzeit) und Hinweis auf die Beachtung der Behälterdrücke der Atemluftflaschen,

- Abfrage von Aufenthaltsorten sowie Drücken der Pressluftatmer falls keine eigenständige Meldung durch den Trupp (z. B. beim Anschließen des Lungenautomaten an den Atemanschluss, beim Erreichen des Einsatzzieles sowie beim Antritt des Rückweges) erfolgt,
- Korrigieren der verbleibenden Einsatzzeit anhand von gemeldeten Drücken,
- bei abgelaufener Resteinsatzzeit zum Rückzug auffordern,
- im Idealfall Mitzeichnen der gemeldeten Bewegungen der Atemschutztrupps zur genauen Aufenthaltsortsbestimmung (Bild 11).

Auszubildende Atemschutzgeräteträger erlernen das Kooperieren zwischen Atemschutzüberwachung und Atemschutztrupp durch die konsequente Umsetzung einer Atemschutzüberwachung in jeder Lerneinheit. Zu diesem Zweck übernehmen die Lernenden nacheinander die Überwachung mehrerer Trupps un-

Bild 11: Atemschutzüberwachung mit mitgezeichnetem Weg des Angriffstrupps

ter Atemschutz[14]. Hierdurch üben die Einsatzkräfte zusätzlich zum Wahrnehmen der Funktion des Atemschutzüberwachers laufend das Registrieren bei einer Atemschutzüberwachung. Dieses wiederholte Üben führt zusammen mit einer in der gesamten Atemschutzausbildung ausnahmslos durchgeführten Atemschutzüberwachung dazu, dass das Registrieren im späteren Einsatzalltag auch unter der Einwirkung von Stress nicht vergessen wird. Zum Erlernen einer routinierten und fachgerechten Atemschutzüberwachung haben sich darüber hinaus folgende Übungen als hilfreich erwiesen:

Fachrechnen

Die Methodik des Errechnens einer Resteinsatzzeit spielt eine wesentliche Rolle für den Atemschutzüberwacher. Eine gute Übung zum Erlernen dieses Rechnens gestaltet sich wie folgt: Jeder Auszubildende schlüpft in die Rolle des Atemschutzüberwachers und bekommt ein leeres Atemschutzüberwachungsformular sowie ein Schreibgerät. Der Ausbilder gibt nun Werte vor, aus denen die Lernenden die verbleibende Einsatzzeit eines fiktiven Trupps errechnen. Anhand der nächsten vorgegebenen Werte (z. B. eine angenommene Rückmeldung des Atemschutztrupps mit aktuellen Drücken der Pressluftatmer) errechnen sie erneut die Resteinsatzzeit des Trupps. Die Übung beinhaltet im Wesentlichen die folgenden, beispielhaften Rechenschritte:

- Druckverbrauch für den Hinweg zum Einsatzort = Atemluftdruck bei Einsatzbeginn - Druck beim Erreichen des Einsatzortes (zum Beispiel: 300 bar - 250 bar = 50 bar)
- Erforderliche Druckreserve für den Rückweg vom Einsatzort = doppelter Druckverbrauch für den Hinweg zum Einsatzort (hier: 2 × 50 bar = 100 bar)
- Noch zur Verfügung stehender Atemluftdruck = Druck beim Erreichen des Einsatzortes - erforderliche Druckreserve für den Rückweg vom Einsatzort (hier: 250 bar - 100 bar = 150 bar)
- Benötigte Zeitspanne für den Weg zum Einsatzort = Zeitpunkt Eintreffen am Einsatzort - Zeitpunkt Einsatzbeginn (zum Beispiel: 3.25 Uhr - 3.15 Uhr = 10 Minuten)

---

14 Für die Durchführung einer Atemschutzüberwachung ist entsprechend der FwDV 7 der jeweilige Einheitsführer der taktischen Einheit verantwortlich, der die Atemschutzgeräteträger einsetzt. Er kann dabei jedoch durch geeignete Personen unterstützt werden.

- Verbrauchter Druck pro Minute = Druckverbrauch für den Hinweg zum Einsatzort / benötigte Zeitspanne für den Weg zum Einsatzort (hier: 50 bar / 10 Minuten = 5 bar pro Minute)
- Mögliche Aufenthaltszeit am Einsatzort = noch zur Verfügung stehender Atemluftdruck / verbrauchter Druck pro Minute (hier: 150 bar / 5 bar pro Minute = 30 Minuten)
- Zeitpunkt des Beginns des Rückzuges vom Einsatzort = Zeitpunkt Eintreffen am Einsatzort + mögliche Aufenthaltszeit am Einsatzort (hier: 3.25 Uhr + 30 Minuten = 3.55 Uhr)

Diese Übung lässt sich auch gut mit anregenden Fragen und Hinweisen wie zum Beispiel »*Es ist jetzt 3.45 Uhr. Was muss zu diesem Zeitpunkt erfolgen/erfolgt sein?*« abwandeln.

Einsatzaufträge

Zum Üben der Kommunikation zwischen Atemschutzüberwachung und vorgehenden Trupps erteilt ein Ausbilder den Atemschutztrupps sehr begrenzte Aufträge (z. B. das Herbeiholen eines bestimmten Gegenstandes aus der Nähe), die durch die Trupps ausgeführt werden. Die Arbeitsaufträge sind so dimensioniert, dass der Atemschutzüberwacher und die Trupps in etwa alle 30 Sekunden über Funk in Kontakt treten (Meldungen über das Eintreffen an der Einsatzstelle, Meldungen über den Antritt des Rückweges etc.). Diese Übung lässt sich als Variation auch ohne Atemschutzgeräte durchführen und darüber hinaus auch sehr gut in die Gewöhnung an das Tragen von Atemschutzgeräten integrieren.

Turmbau

Durch diese Kommunikationsübung wird die Bedeutung einer präzisen Sprache für die Atemschutzüberwachung deutlich. Für diese Übung werden zwei Teams gebildet, die jeweils über ein Funkgerät verfügen. Das erste Team errichtet einen möglichst zerklüfteten Turm aus verschiedenfarbigen Kunststoffsteckbausteinen. Das zweite Team befindet sich in einem anderen Raum und verfügt ebenfalls über verschiedenfarbige Kunststoffsteckbausteine. Es muss den Turm des ersten Teams nach einer Beschreibung über Funk nachbauen. Diese Übung scheint auf den ersten Blick nur sehr wenig mit der Atemschutzüberwachung zu tun zu haben, sie dient jedoch dazu, das Gespür für das eindeutige und kurze Formulieren von Nachrichten zu schulen [18 und 19]. Diese Übung kann verschieden variiert werden, zum Beispiel kann sie unter Atemschutz oder mit Zeitvorgaben durchgeführt werden. Sie kann aber auch ohne Funkgeräte erfolgen, wenn beide Teams nur durch eine Metaplanwand als Sichtschutz getrennt werden.

8.3 Die zweite Haut

Jede Einsatzkraft, die nach einem anstrengenden Atemschutzeinsatz ihre Jacke geöffnet hat, kennt es: Beim Öffnen schlägt einem eine feuchtwarme Luft entgegen, auf der Haut befindet sich ein Schweißfilm und das Innenfutter der Bekleidung ist feucht. All das deutet auf ein subtropisches Klima in der Einsatzbekleidung[15] hin (zu dessen Entstehung siehe auch Kapitel »Zieh dich warm an!«). Das Auftreten eines solchen Klimas in der Schutzkleidung verwundert uns zunächst einmal, denn der Großteil der Bekleidung hat eine Klimamembrane eingebaut und gilt als atmungsaktiv.

Diese Verwunderung ist ganz normal, denn kaum einer von uns hat bei der Ausgabe seiner Schutzkleidung eine Einweisung in die Funktionsweise, Schutzwirkung, Handhabung oder Grenzen der Bekleidung bekommen. Von einer Ausbildung zur richtigen Handhabung der Schutzkleidung – von der immerhin bei der Gebäudebrandbekämpfung im Innenangriff im Extremfall unser Leben abhängen kann – einmal ganz zu schweigen. Kommen wir nach dieser erschreckenden Feststellung zurück zur Atmungsaktivität: Warum ist das Klima in unserer Schutzkleidung subtropisch, wenn sie doch eine Klimamembrane aufweist? Nun, alle technischen Systeme haben ihre Grenzen – auch atmungsaktive[16] Schutzkleidungen mit Membranen.

---

15 Bei der hier als Schutz- oder Einsatzkleidung bezeichneten Kleidung handelt es sich um so genannte Überbekleidung gemäß DIN EN 469 respektive nach der Herstellungs- und Prüfungsbeschreibung für eine universelle Feuerwehrschutzkleidung (HuPF).

16 Die so genannte Atmungsaktivität ist vor allem ein Marketingschlagwort. Feuchtigkeitssperren atmen nicht – schon gar nicht aktiv. Faktisch stellt eine Membrane, ganz gleich wie atmungsaktiv sie sein mag, für den nach außen dringenden Wasserdampf immer eine zusätzliche Hürde dar.

Bild 12: Lagenaufbau von Schutzkleidung

Funktionsweise

Feuerwehrschutzkleidung besteht aus mehreren Lagen (Bild 12), die uns als ein komplexes Gesamtsystem Schutz bieten. Das System besteht in der Regel aus Oberstoff, Feuchtigkeitssperre (Membrane), Thermoisolation und Innenfutter. Die einzelnen Lagen verschiedener Hersteller weisen dabei ganz unterschiedliche Materialeigenschaften auf, so können beispielsweise auch einzelne Komponenten mehrere Funktionen erfüllen (z. B. kombinierte Hitze- und Feuchtigkeitssperre). Der Oberstoff hat die Aufgabe, einen thermischen und mechanischen Schutz zu gewährleisten, die Thermoisolation soll u. a. gut isolieren. Als Feuchtigkeitssperre wird heute üblicherweise eine Membrane verwendet. Sie soll neben einem Eindringschutz vor Wind und Feuchtigkeit (Regen oder Löschwasser) sowie einem teilweisen Schutz vor Chemikalien und brennbaren Flüssigkeiten auch eine Abführung des Wasserdampfs (Schweiß) vom Körper ermöglichen. Die Abführung funktioniert jedoch nicht bei allen erdenklichen Bedingungen, sondern hängt u. a. von der verwendeten Unterbekleidung[17] sowie der verwendeten Membrantechnologie[18] ab. Wird

---

17 Bestimmte Unterbekleidungen (u. a. aus Baumwolle) nehmen Schweiß auf, behindern so dessen Ableitung und verursachen somit das Entstehen eines subtropischen Klimas um den Körper herum.

18 Bei einer physikalisch wirkenden Membrane nutzt man das Partialdruckgefälle des Wasserdampfs. Solange direkt an der Körperoberfläche mehr Wasserdampf vorhanden ist als außerhalb der Bekleidung, wandert der Wasserdampf durch mikroskopisch kleine Poren nach außen hin zum niedrigeren Partialdruck. Bei physikalisch-chemisch wirkenden Membranen nimmt eine hydrophile (wasseranziehende) Schicht auf der Innenseite den Wasserdampf auf, leitet ihn durch die Membrane und gibt ihn auf der Außenseite wieder ab [20].

viel Schweiß in kurzer Zeit gebildet oder ist der Temperatur- und Feuchtigkeitsunterschied zwischen dem Inneren der Bekleidung und der Umgebung sehr gering, so kann die Membrane gegebenenfalls nicht die gesamte Menge sofort ableiten. Unter bestimmten Umständen kann die atmungsaktive Funktion einer Membrane beeinträchtigt sein, z. B. bei einer erhöhten Umgebungsluftfeuchtigkeit. Hier funktioniert die Ableitung von Wasserdampf durch Membranen, deren Wirkungsweise auf der Nutzung eines Partialdruckgefälles beruht, nur noch sehr eingeschränkt. Darüber hinaus kann heißer Wasserdampf (bei der Brandbekämpfung entstanden) gegebenenfalls die Schutzkleidung durchdringen. Die Folge all dessen ist das bereits beschriebene warmfeuchte Klima in der Schutzkleidung – und eine daraus resultierende Verbrühungsgefahr für die Einsatzkräfte.

Merke:
Auch die beste Schutzkleidung hat ihre Grenzen.

Richtiges Vorgehen bei hohen Temperaturen

Feuerwehrangehörige tragen (z. B. bei der Gebäudebrandbekämpfung im Innenangriff) Schutzkleidung, die vor von außen einwirkenden hohen Temperaturen schützt. Die Schutzkleidung kann jedoch die Wärme nicht verschwinden lassen. Sie verschafft uns lediglich eine Zeitspanne, in der die Außentemperaturen uns noch nicht direkt umgeben. Während dieser begrenzten Zeit können wir uns in einer Umgebung mit hohen Temperaturen aufhalten und arbeiten (Menschenrettung, Brandbekämpfung etc.). In Abhängigkeit der jeweiligen Isolationswirkung der Kleidung tritt in jedem Fall früher oder später der von allen Atemschutzgeräteträgern gefürchtete Wärmedurchschlag auf. Es gilt also, möglichst viele Wärmebeaufschlagungen zu verhindern, um das Er- und Durchwärmen der Schutzkleidung zu vermeiden oder mindestens zu verzögern. Ein Vorgehen mit Bedacht (u. a. Achten auf Wärmeeinwirkungen sowie begrenztes Eindringen in hochtemperierte Bereiche) und in einer tiefen Gangart helfen, dies zu realisieren. Gehen wir in Einsatzstellen mit großer Wärmestrahlung zu weit vor, wird unser Schutzanzug stark mit Wärme beaufschlagt. Er wird gegebenenfalls soweit vorgewärmt, dass ein Temperaturdurchschlag kurz bevorsteht. Durch dieses – nicht selten anzutreffende Verhalten – geben wir die

Schutzreserve der Schutzkleidung auf. Diese besteht aus einem kurzzeitigen Schutz vor plötzlich auftretenden Brandausweitungen (z. B. Durchzündung), um uns in Sicherheit bringen zu können.

> **Merke:**
> Schutzkleidung soll uns schützen und uns im Notfall eine Zeitspanne für einen sofortigen Rückzug sichern. Einen ausreichenden Schutz im Notfall kann sie uns jedoch nur dann bieten, wenn sie nicht bereits im Laufe des Einsatzes bis an die Grenzen ihrer Schutzwirkung beansprucht wird.

Die Basis des Erlernens der Funktionsweise, der Schutzwirkung sowie der Grenzen der Schutzwirkung einer Feuerwehreinsatzbekleidung bildet ein Unterrichtsgespräch. In diesem Gespräch werden darüber hinaus auch die korrekte (gemeinsame) Trageweise der verschiedenen Teile der Schutzkleidung (Helm, Atemanschluss, Jacke, Handschuhe, Hose und Stiefel) und eine richtige Anwendung erlernt. Als Hilfsmittel für diese Lerneinheit eignen sich nach eigenen Erfahrungen besonders Musterstücke des Lagenaufbaus einer Einsatzschutzbekleidung sowie durch Brandbeanspruchung zerstörte Schutzkleidungsteile. Ein be-

Bild 13: Verdeutlichung der Durchlässigkeit einer Membrane

61

sonderes Augenmerk liegt in dem Gespräch auf den Zonen, in denen zwei Schutzkleidungsteile zusammenstoßen (z. B. Einsatzjacke und Handschuhe), da hier die Trageweise erfahrungsgemäß oft fehlerhaft ist (fehlende oder unzureichende Überlappung) [15].

Im Anschluss an das Unterrichtsgespräch rüsten sich die Lernenden wie für einen Atemschutzeinsatz aus: Sie legen ihre gesamte Persönliche Schutzausrüstung und einen Atemanschluss an. Ein Ausbilder zeigt jedem Einzelnen dessen Defizite, indem er unbedeckte Hautpartien mit dem Finger berührt oder einen handelsüblichen Haushaltsfön zur Hilfe nimmt. Hierdurch wird den Einsatzkräften zum Einen verdeutlicht, dass freiliegende Hautpartien beim Anziehen nicht immer selbst bemerkt werden. Zum Anderen werden sie dafür sensibilisiert, auf ihre persönlichen Problemzonen zu achten [15].

Achtung:
Um keine Verbrennungen der Haut oder Beschädigungen der Schutzkleidung zu verursachen, dürfen für diese Lerneinheit keine Heißluftföne für handwerkliche Anwendungen verwendet werden!

Die Durchlässigkeit von Klimamembranen kann auf einfache Weise mit einem kleinen Topf voll warmem Wasser verdeutlicht werden: Dazu wird ein Stück einer Membrane mit einem breiten Gummi (Weckgummi) über den Topf gespannt. Auf diese Weise kann der Durchtritt von Wasserdampf durch die Membrane mit einer über den bespannten Topf gehaltenen Hand erfühlt werden (Bild 13).

8.4 Anatomie des Suchenden

Jeder Atemschutzgeräteträger bewegt sich in der Regel instinktiv in einer niedrigen Gangart fort, wenn er sich nicht sicher ist, welche Raumgeometrie oder Einbauten ihn erwarten bzw. wenn er sich davon eine geringere Temperatur und bessere Sichtmöglichkeiten erhofft. Unser Instinkt zwingt uns dabei in eine Haltung, die wir bereits als Kleinkinder verwendet haben, bevor wir aufrecht gehen konnten. Dies ist der Grund dafür, warum wir dazu neigen, auf Händen und Füßen (Kriechen auf allen

Vieren oder auch »Hundegang«) zu kriechen. Dass diese Art der Fortbewegung einige Nachteile hat, weiß jeder, der aus dieser Haltung heraus versucht hat, die Rauchschicht direkt über sich zu beobachten oder sich unerwartet unmittelbar vor einem Loch im Boden (beginnende Treppen, Durchbrüche etc.) wieder gefunden hat.

Betrachten wir an dieser Stelle unsere Einsatzanatomie, also den Körperbau eines Atemschutzgeräteträgers mitsamt seiner gesamten Schutzausrüstung. Zum Einen sind bestimmte Handlungen aufgrund des menschlichen Körperbaus nicht ohne Einschränkungen möglich, zum Anderen verändert sich durch das Mitführen der Ausrüstung, insbesondere des Pressluftatmers, unser Schwerpunkt. Der menschliche Körperbau weist folgende Einflussfaktoren auf: Wenn wir auf allen Vieren kriechen, ist unser Blick – durch die Wirbelsäule vorbestimmt – auf den Boden gerichtet. Die Situation direkt vor und über uns (z. B. in einer Rauchschicht) kann nur durch ein unbequemes Zurückbiegen der Halswirbelsäule beobachtet werden. Für die Fortbewegung verwenden wir in dieser Gangart alle Arme und Beine. Den unmittelbar vor uns liegenden Bereich können wir mit einer vorgestreckten Hand abtasten; dabei erreichen wir etwa eine Entfernung von 0,4 Metern vor unseren Schultern. Der veränderte Schwerpunkt führt dazu, dass unser Gesamtschwerpunkt beim Hundegang – je nach persönlicher Konstitution – irgendwo zwischen den Schultern und dem Becken liegt. Dies bedeutet, dass der Abtastradius in dieser Fortbewegungsart vergleichsweise gering ausfällt.

> **Merke zur Fortbewegung auf allen Vieren:**
> - Abtastradius in der Regel zirka 0,4 Meter vor dem Körper (den Schultern),
> - Schwerpunkt gegebenenfalls sehr weit vorne,
> - Sicht anatomisch auf den Boden gerichtet,
> - zum Fortbewegen werden alle Arme und Beine benutzt.

Durch eine (situationsangepasst) veränderte Fortbewegungsmethodik kann die menschliche Anatomie optimal ausgenutzt werden: Durch das Vorschieben eines Beines bei einem gleichzeitig nicht ganz aufrechten Oberkörper werden die körperlichen Nachteile des Kriechens auf allen Vieren bei einer fast gleichen Gesamthöhe ausgeglichen (so genannter Seitenkriechgang oder Krabbengang). Diese Körperhaltung führt dazu, dass unsere durch die Wirbelsäule vorbestimmte Blickrichtung gerade aus in den vor uns liegenden Raum gerichtet ist. Die unmittelbar vor uns und über uns liegende Umgebung kann so gut beobachtet werden. Für diese Fortbewegung wird neben beiden Beinen nur eine Hand benötigt – die andere bleibt frei und steht zum Beispiel für den Materialtransport zur Verfügung. Der unmittelbar vor uns liegende Bereich wird mit dem vorgestreckten Bein halbkreisförmig abgetastet. So wird eine Abtastentfernung von etwa einem Meter vor unseren Schultern erreicht. Durch die nahezu aufrechte Haltung des Oberkörpers liegt der Gesamtschwerpunkt in Abhängigkeit von der persönlichen Konstitution unterhalb der Schultern und damit sehr weit von der Spitze des ausgestreckten Beins entfernt.

Merke zur Fortbewegung mit einem vorgeschobenen Bein:
– Abtastradius in der Regel zirka ein Meter vor dem Körperschwerpunkt,
– Schwerpunkt sehr weit hinten,
– Sicht anatomisch in den Raum gerichtet,
– zum Fortbewegen werden beide Beine und ein Arm benutzt.

Unser Körper lässt sich also mit negativen oder positiven anatomischen Effekten im Einsatz anwenden. Atemschutzgeräteträgern muss dies bekannt sein, damit sie die jeweiligen Einflussfaktoren berücksichtigen und sich anschließend für ihre eigene Fortbewegungsmethode entscheiden können. Zur Verdeutlichung können folgende einfache Übungen durchgeführt werden.

Sichtübung

Ein Lernender nimmt mit einem Pressluftatmer auf dem Rücken die Körperhaltung »auf allen Vieren« ein. Der Ausbilder stellt sich etwa einen halben Meter entfernt vom vordersten Körperteil des Lernenden (Kopf) aufrecht mit Blickrichtung zu diesem hin. Er fordert den Lernenden auf, aus der Körperhaltung heraus zu beobachten und zu beschreiben, wie viele Finger er von welcher Hand hoch hält. Aus der Körperposition des Lernenden heraus ist dies nur sehr schwer möglich, wodurch die anatomischen Probleme verdeutlicht und hinsichtlich der Bedeutung für den Einsatz diskutiert werden können. Im Anschluss daran nimmt der lernende Atemschutzgeräteträger eine sitzende

Bild 14: Sichtübung (links: Fortbewegung auf allen Vieren bzw. Hundegang, rechts: Fortbewegung mit vorgestrecktem Bein)

Körperhaltung mit einem ausgestreckten Bein ein. Der Ausbilder stellt sich erneut etwa einen halben Meter entfernt vom vordersten Körperteil des Lernenden (Fußspitze des ausgestreckten Beins) mit Blick zum Lernenden auf. Er fordert den lernenden Atemschutzgeräteträger erneut auf, auf bestimmte Handlungen zu achten und sie zu beschreiben. In dieser Haltung ist dies problemlos möglich. Diese Erkenntnis kann nun gemeinsam auf das Einsatzgeschehen übertragen und diskutiert werden.

Bei einer Gruppe von mehreren Auszubildenden und einem Ausbilder kann diese Übung so variiert werden, dass die Lernenden in einer Reihe nebeneinander Platz nehmen (Bild 14). Hier ist es wichtig, dass jeder Atemschutzgeräteträger selbst die Erfahrung macht, dass seine Körperhaltung einen wesentlichen Einfluss auf sein Sichtfeld hat. Dies gilt besonders im Hinblick darauf, dass sich die Branddynamik im Wesentlichen in der oberen Hälfte von Räumen abspielt.

Übung zum Abtastradius

Für diese Übung wird ein Hindernis (z. B. ein mit Wasser gefüllter Schlauch, ein Besenstiel oder ein Steckleiterteil[19]) benötigt, das auch ohne Sicht ertastet werden kann. Der Ausbilder fordert den Lernenden dazu auf, mit geschlossenen Augen aus einer unbekannten Entfernung im Hundegang an das Hindernis he-

---

19 Alternativ kann auch ein Treppenabsatz oder eine Kraftfahrzeugmontagegrube verwendet werden, hierbei ist jedoch unbedingt auf eine korrekte Absturzsicherung zu achten!

ran zu kriechen. Hierbei trägt der Auszubildende einen Pressluftatmer auf dem Rücken. Die unbekannte Entfernung wird dadurch erreicht, dass der Ausbilder den Abstand ändert, nachdem der Auszubildende sich in Bewegung gesetzt hat. In dem Moment, in dem das Hindernis ertastet wird, soll der Atemschutzgeräteträger innehalten und die Augen öffnen. In der sich ergebenden Position kann er für sich selbst den Abstand von seinen Fingern zu seinem Oberkörper mit dem Pressluftatmer (dem Körperschwerpunkt) reflektieren. Er wird nun vom Ausbilder dazu aufgefordert, sich vorzustellen, das Hindernis sei ein Loch im Boden oder der Beginn einer Treppe in die Tiefe und die Situation erneut zu bewerten. Die Vorgehensweise wird anschließend mit der Fortbewegungsmethode mit einem ausgestreckten Bein (Seitenkriechgang) wiederholt. Auch jetzt soll der Herankriechende beim Erreichen des Hindernisses innehalten und den Abstand seiner Fußspitze zum Körperschwerpunkt (Oberkörper mit dem Pressluftatmer) reflektieren. Die Erkenntnisse werden anschließend gemeinsam diskutiert und auf Einsatzsituationen übertragen.

Diese Übung kann für eine Gruppe von mehreren Auszubildenden und einen Ausbilder so variiert werden, dass sich mehrere Lernende nebeneinander auf das Hindernis zu bewegen (Bild 15). Eine weitere Variation ergibt sich, wenn zum Beispiel eine Feuerwehraxt als Hilfsmittel zum Abtasten mitgeführt wird. In jedem Fall ist es auch bei dieser Übung wichtig, dass jede Einsatzkraft selbst die Erfahrung macht, dass ihre Körperhaltung einen wesentlichen Einfluss auf ihren Abstand von Absturzbereichen hat und dies gerade im Hinblick auf unbekannte Räume große Auswirkungen für die eigene Sicherheit hat.

Bild 15: Übung zum Abtastradius (links: Fortbewegung auf allen Vieren bzw. Hundegang, rechts: Fortbewegung mit vorgestrecktem Bein)

8.5 Holt mich hier raus!

Wenn der Transport von in Not geratenen Atemschutzgeräteträgern so einfach wäre, müsste sich dieses Kapitel nicht dem
Erlernen von Transportmethoden und deren Notwendigkeiten
widmen. Wer sich jungfräulich diesem Thema annimmt, der erfährt über Kameraden und Kollegen sowie über Einträge in ein-
schlägigen Internetforen, dass das Mittel der Wahl die so genannte Crash-Rettung ist. Sie ist die schnellstmögliche Rettung
aus dem Gefahrenbereich ohne oder nur mit einfachstem Einsatz von Rettungsmitteln. Setzt man sich intensiv und offen hier-
mit auseinander, wird man erkennen, dass eine Crash-Rettung
allenfalls nur begrenzt, unter einem hohen Grad der Selbstge-
fährdung für die Retter und unter dem Risiko einer weiteren
Schädigung des zu Rettenden möglich ist. Das Risiko für weitere Verletzungen beruht auf der Tatsache, dass der Kopf des zu
Rettenden grundsätzlich unkontrolliert bleibt. Hierdurch kann
zum Beispiel der Dichtsitz des Atemanschlusses verloren gehen
oder es können Schäden an der Halswirbelsäule entstehen.
Durch eine falsche Schleiftechnik kann darüber hinaus auch ein
Gerätedefekt entstehen.

Crash-Rettung

Einleitend gilt es mit den Lernenden gemeinsam zu beleuchten,
unter welchen Voraussetzungen eine Crash-Rettung überhaupt
möglich wäre und welche Rahmenbedingungen sie mit sich
führt, denn eine Crash-Rettung kann extrem kräfteraubend sein.
Es gilt einen Atemschutzgeräteträger mit einem unbekannten
Gewicht, der an seiner Rettung nicht mehr aktiv teilnehmen
kann (z. B. wenn er bewusstlos, paralysiert oder somnolent ist),
über eine bestimmte Strecke und innerhalb eines möglichst kleinen Zeitfensters flach über den Boden ins Freie zu ziehen. Die
Parameter sind dabei generell sehr variabel. Es macht selbstverständlich einen Unterschied, ob der zu Rettende 60 oder
120 Kilogramm schwer ist, ob die Rettungsstrecke (also der Weg
in Sicherheit) fünf oder 30 Meter lang ist und ob in einer Ebene
gerettet werden kann oder die Rettung über Treppen, Brandschutt, zwischen Einrichtungsmobiliar oder durch Messiemüll
erfolgt. Die erste Entscheidungspriorität ist jedoch immer das
verbleibende Zeitfenster, um einen in Not geratenen Atemschutzgeräteträger aus einer akuten und gegenwärtigen Gefahrensituation heraus zu retten. Droht beispielsweise ein Bauwerk

während der Rettungsaktion einzustürzen oder befindet sich der in Not Geratene noch innerhalb eines vom Feuer beaufschlagten Brandraumes, ist es sicherlich unstrittig, dass eine Crash-Rettung angewendet wird. Das Risiko, den zu rettenden Atemschutzgeräteträger durch eine Crash-Rettung weiter zu traumatisieren, ist geringer einzuschätzen, als das Schadensausmaß, das eintreten könnte, wenn der zu Rettende weiter am Ort verbleiben würde.

Das Training für eine Crash-Rettung ist eine eher einfache Disziplin. In dieser Trainingseinheit ist darauf zu achten, dass dem Trainierenden die Halte- und Zugpunkte am zu Rettenden bekannt sind. Vorzugsweise befinden sich die Zugpunkte an der oberen Schulterbebänderung des Pressluftatmers. Sie sind auch bei Nullsicht und unter Zeitdruck sicher zu finden. Aber auch in die Schutzkleidung integrierte Zugpunkte (Bild 16) können – sofern sie vorhanden sind – genutzt werden. Sie sind insbesondere dann hilfreich, wenn der zu Rettende kein Atemschutzgerät auf dem Rücken trägt.

Ein weiterer Gefahrenpunkt bei einer Crash-Rettung ist das Ventil des Atemluftbehälters. Dieses muss bei der Rettung frei

Bild 16: In Schutzkleidung integrierte Rettungsschlaufe (Foto: Lars Lorenzen)

von Kräften bleiben, um einen ungewollten Selbstverschluss des Atemluftbehälters (durch ein seitlich rollendes Handrad) zu verhindern. Wird das Ventil bei der Rettungsaktion zu stark beschädigt, kommt es zu einem sofortigen Verschluss mit der Folge, dass die Atemluftversorgung unterbrochen wird. Das Risiko einer Ventilbeschädigung kann minimiert werden, wenn der zu rettende Atemschutzgeräteträger flach über den Boden gezogen wird, sodass die Schulter und die Flanke der Atemluftflasche den Boden berühren.

Das Training für eine Crash-Rettung muss besonders vorbereitet werden. Durch die robuste Art und Weise dieser Notfallrettung werden die Schutzausrüstung und die Atemschutztechnik stark beansprucht. Besonders die Atemschutztechnik erfährt im Bereich der Bebänderung bzw. Begurtung, des Atemluftbehälters und des Handrades einen besonders hohen Verschleiß. Daher wird empfohlen, zum Üben einer Crash-Rettung so genannte Dummygeräte einzusetzen. Dies sind in der Regel ausgesonderte Atemschutzgeräte, die den Trainierenden *druckentlastet* zur Verfügung stehen. So bleibt eine eventuelle Beschädigung der Dummygeräte folgenlos. Beschädigungsmuster (z. B. abgeschliffenes Handrad oder Materialabtrag am Atemluftbehälter) können als Anschauungsobjekte in das Training mit einbezogen werden.

Eine besondere Trainingserfahrung kann erreicht werden, wenn die Rettungslänge für eine Crash-Rettung mehr als 15 Meter beträgt. Bei fast 500 Einsatzübungen[20] mit gleichen Vorgaben und Bedingungen (Crash-Rettung eines bewusstlosen Verunfallten unter Zeitdruck und Nullsicht, siehe hierzu auch Praxisversuch im Kapitel »Rette sich wer kann!«) war zu beobachten, dass bis zu einer Wegstrecke von etwa fünf Metern eine relativ hohe Fortbewegungsgeschwindigkeit erreicht wurde. Danach verringerte sich das Rettungstempo merklich: Ab einer Wegstrecke von zirka acht Metern wurde die Rettung in der Regel erstmals unterbrochen, teilweise kam sie ab einer Entfernung von etwa zwölf Metern zum Erliegen. Der Grund war der hohe Erschöpfungsgrad der Rettenden, innerhalb kürzester Zeit übersäuerte die Unterarmmuskulatur. Ein fester Griff war danach nur noch bedingt möglich. Bei den Übungen wurde aufgrund der hohen Belastungen nicht selten ein Atemvolumen von mehr als 100 Litern pro Minute erreicht. Teilweise unterschätzten die

---

20 Atemschutznotfalltraining der Berliner Feuerwehr in den Jahren 2004 bis 2007 (Erstschulung)

Retter ihren eigenen Luftverbrauch und wurden aufgrund der eigenen Luftnot selbst zum Opfer.

In Anbetracht dieser Erfahrungen wurde im Rahmen des Atemschutznotfalltrainings bei der Berliner Feuerwehr [21] intern überprüft, ob die Crash-Rettung zu Recht als schnellste Rettungsform angesehen werden kann. In einem Praxisvergleich zwischen der Crash-Rettung und der Rettung mit einer Korbtrage konnte dargestellt werden, dass die Crash-Rettung unter ausschließlicher Wertung der benötigten Rettungszeit bis zu einer Rettungsweglänge von zirka zwölf Metern (in der Ebene) allen anderen Rettungsformen überlegen war. Ab einer Rettungsweglänge von mehr als zwölf Metern (in der Ebene) konnte die Korbtrage ihren anfänglichen Zeitverlust (verursacht durch das Eigengewicht und die starre Bauart) in der Regel wieder aufholen. Die Probanden zeigten zudem bei der Rettung unter Zuhilfenahme der Korbtrage einen deutlich geringeren Atemluftverbrauch und eine deutlich geringere körperliche Erschöpfung.

Auch der zu Rettende profitiert von der Benutzung der Korbtrage. Der verunfallte Atemschutzgeräteträger liegt stabil und geschützt in der Trage, der Kopf- und Atemanschlussbereich ist hierbei gesichert. Innerhalb der zu vergleichenden Rettungszeiten wird der zu Rettende zusätzlich an einen Rettungspressluftatmer, der in der Korbtrage mitgeführt werden kann, angeschlossen.

Aus den oben genannten Gründen macht es Sinn, neben der begrenzt anwendbaren Crash-Rettung auch alternative Rettungsformen zu trainieren.

Rettung mit einer Korbtrage (oder vergleichbaren Systemen)

Die Vorteile der Korbtrage oder vergleichbarer Systeme liegen auf der Hand. Der zu Rettende kann stabil gelagert und geschützt in der Ebene, treppauf, treppab, durch Brandschutt oder über andere Bodenhindernisse, flach, seitlich oder aufrecht in Sicherheit gebracht werden (Bild 17). Zudem eignet sich die Korbtrage als Transporthilfe für weitere Rettungsgeräte, wie zum Beispiel einen Rettungspressluftatmer.

Nachteile sind das Eigengewicht und die sperrige Größe der Korbtrage respektive vergleichbarer Systeme. Es gilt, wie bereits im Fall der Crash-Rettung, vorab zu klären, unter welchen Voraussetzungen der Einsatz dieser Alternativsysteme möglich wäre. Um dies abschätzen zu können, hilft der Umgang und das Training mit einer oder mehreren Rettungstransporthilfen.

Bild 17: Zu Rettender in Korbtrage verlastet

Der Markt bietet zum Thema Rettungstransporthilfen viele Varianten an. Die Bandbreite ist groß und reicht von (Schleif-) Korbtragen über Halbschleiftragen, Spineboards, bis zu einfachen Tragetüchern oder Bandschlingen, um exemplarisch nur einige Hilfsgeräte zu nennen. Egal welche Rettungsmethode als Alternative zur Crash-Rettung zur Anwendung kommt oder kommen soll, auch hier gilt der Grundsatz: »Versuch macht klug«. Eine Eier legende Wollmilchsau gibt es auch in diesem Bereich nicht. Welches Alternativsystem zur Anwendung kommt, ist von vielen Faktoren abhängig. Das System muss beherrschbar, unter Nullsicht und mit Handschuhen bedienbar sein. Es darf den Anwender nicht überfordern. Nur gute Systeme finden die notwendige Anwendungsakzeptanz. Gute aber komplizierte bzw. komplexe Systeme erfordern eine ausgiebige Erstschulung sowie eine zeitintensive Nachschulung, die über einen langen Zeitraum nicht an Qualität verlieren darf.

Ebenso gilt es zu berücksichtigen, dass jede Neubeschaffung bezahlt und der Gegenstand gewartet werden muss. Ein zusätzliches Gerät beansprucht darüber hinaus Platz und Gewicht im Fahrzeug, auf dem es verladen werden soll. Es muss vor allem mit dem Rettungskonzept zusammenpassen. Das Konzept an ein Hilfsmittel anzupassen, ist hingegen nicht ratsam.

Merke:
Ein Rettungshilfsmittel muss sich in das Rettungsgesamt-konzept einfügen!

Exemplarisch wird im Folgenden anhand eines bestehenden Rettungskonzeptes die Beschaffung eines Rettungshilfsmittels verdeutlicht. Auswahlfaktoren für das Hilfsmittel waren in diesem Fall:
- sofortige Verfügbarkeit bei jedem möglichen Atemschutz-einsatz,
- Verlastbarkeit auf den vorhandenen Einsatzfahrzeugen,
- Bekanntheit bei den Einsatzkräften, um den Ausbildungs-aufwand gering zu halten und eine hohe Anwendungsakzeptanz zu erreichen,
- einfache Bedienbarkeit und leichte Mitführung,
- Entlastung der Rettungskräfte beim Transport und Schutz des zu Rettenden,
- Einsetzbarkeit in anderen Einsatzsituationen, um eine Handlungsroutine zu erzielen.

Im Beispielfall wurde eine Korbtrage ausgewählt, da das Handling mit einer Korbtrage den Einsatzkräften bereits bekannt war, die Korbtrage in vielen Einsatzsituationen (z. B. Eisrettung, Rettung aus Tiefen oder Höhen) bereits erfolgreich eingesetzt wurde und somit ein Vertrauen zur Technik vorhanden war.

Die Ausbildung an bekannten Rettungshilfsmitteln kann dementsprechend auf vorhandenen Erfahrungen der Einsatzkräfte aufbauen. Ziel der Ausbildung ist es, die Einsatzmöglichkeiten des Gerätes in einer Atemschutznotfalllage sicher zu beherrschen. Das Training an bekannten Einsatzmitteln ist dabei natürlich von Vorteil. Der Übende ist bereits mit dem Gerät vertraut und kann es mit wenig Übung auch blind sowie mit Handschuhen bedienen. Dies eröffnet zugleich eine neue Variante des

Lernens, die in diesem Fall (aber auch in ähnlichen Praxistrainings) besonders gut anwendbar ist.

Die auszubildenden Atemschutzgeräteträger erlernen das System und dessen Einsatzmöglichkeiten anhand einer praktischen Unterweisung. Das Lernen beginnt mit einem ausführlichen, einsatznahen Praxisbeispiel. Dazu ist es notwendig, dass sich auch der Ausbilder in die Rolle eines Retters hineindenkt und den Rettungseinsatz vorlebt. Dies ist bereits mit einfachen Mitteln und ein bisschen Schauspielkunst zu erreichen. Der Ausbilder rüstet sich analog zu den Übenden mit Persönlicher Schutzausrüstung und Pressluftatmer aus. Auf den Atemanschluss kann zur besseren Verständigung gegebenenfalls verzichtet werden. Die Kunst der Vorführung besteht darin, nicht nur ein Handlungsmuster vorzuleben, sondern als Ausbilder auch die Dramatik einer Notfallrettung zu verdeutlichen. Dazu gehört auch, die paraverbalen Äußerungen, wie zum Beispiel Stimmlage, Lautstärke, Sprachgeschwindigkeit oder Tonhöhe mit einfließen zu lassen. Dies verlangt vom Ausbilder keine Theaterqualitäten, sondern nur ein wenig Vorstellungsvermögen für die Einsatzlage. Ideal ist die Besetzung mit einem zu Rettenden, einem Sicherheitstrupp und einem Vierten als Kommentator, der die Handlungen erläutert. Alle Handlungsabläufe werden in chronologischer Abfolge in Einzelschritten vorgestellt und kommentiert. Dabei werden vor allem die Gründe für die Handlungen herausgestellt. So erhält der Übende direkt eine Erklärung für sein späteres Handeln, dies erhöht die Akzeptanz und festigt das Wissen. Nach der Vorstellung wird den Übenden eröffnet, dass sie diese Übung nun gruppenweise, »blind« und mit Handschuhen (verminderte Sensorik) sowie betreut durch einen Ausbilder wiederholen. Es ist nicht ungewöhnlich, dass nun ein Raunen durch die Gruppe der Übenden geht. Aber nur Mut, auch wenn nicht alle Handgriffe sofort dem Arbeitsmuster entsprechen. Bereits nach der ersten Übungseinheit werden in der Regel alle Basismaßnahmen umgesetzt. Mit diesem Positiverlebnis absolviert der Übende eine weitere Trainingseinheit und erkennt, dass sein Handeln sicherer wird und mehr und mehr dem gezeigten Arbeitsmuster entspricht. Der Lernerfolg ist auch messbar: Die Rettungszeiten verkürzen sich, der Atemluftverbrauch sinkt und der Stresspegel nimmt deutlich ab (erkennbar an einer Verringerung der Herzfrequenz[21]).

---

21 Unter Zuhilfenahme einer telemetrischen Herzfrequenzüberwachung kann dies sehr einfach visualisiert werden.

8.6   Suche und du wirst finden

Zum Stichwort »Absuchen von Räumen« wird den meisten von uns sicherlich spontan »Routine« und »ohne System bist du verloren« einfallen. Bis zu diesen Assoziationen ist es jedoch mitunter ein langer Weg. Für fast alle von uns beginnt er in der Kindheit beim »Topfschlagen« auf einem Kindergeburtstag: Wir bewegten uns unter Nullsicht in einem für uns fremden Raum und suchten nach etwas. Dabei empfanden wir einen gewissen Zeitdruck durch das Zusehen der Umstehenden. Sie finden den Vergleich weit hergeholt? Abgesehen von einem anderen Ursprung des Zeitdrucks handelt es sich um eine absolut vergleichbare Situation. Insbesondere ging uns das nach folgender Geschichte auf: Nachdem ein Vater zu einem unserer Trainings mangels Babysitters seinen fünfjährigen Sohn mitgebracht hatte, erzählte er uns später, dass sein Sohn beim Topfschlagen auf dem nächsten Kindergeburtstag mit einem vorgeschobenen Bein systematisch den Raum abgesucht hatte und so sehr schnell zum Ziel kam. Da hatte also jemand kinderleicht allein durch das Zusehen von uns gelernt...

Wie haben wir die Inhalte und den Sinn so kinderleicht verdeutlicht? Wir benutzen ein Stufenmodell, bei dem in kleinen Schritten aufeinander aufbauende Erfahrungen der Lernenden den Mittelpunkt bilden. Das System besteht hauptsächlich aus folgenden Lernschritten:
– Sinn und Inhalte begreifen,
– Systematik mit Sicht erlernen,
– Systematik ohne Sicht anwenden,
– Systematik unter erschwerten Bedingungen anwenden.

Es gibt eine Vielzahl von Absuchmethoden, sie müssen im Einsatz jeweils situationsgerecht kombiniert und angewendet werden. Die klassischste und einfachste Methode ist die Handsuche, bei der eine Hand eines Truppmitglieds zur Orientierung und Rückwegsicherung ununterbrochen an einer Wand verbleibt. Mit dieser Methode starten wir die Ausbildung und bauen später auf die mit dieser Methode gewonnenen Erfahrungen und Erkenntnisse auf. Alle weiteren Absuchverfahren werden sinngemäß ebenso mit der vorgestellten Systematik vermittelt.

Versuch macht klug!

Ein guter Ausbildungsbeginn für Anfänger ist eine Diskussion in einem maximal 25 m² großen, unmöblierten Raum, in dem sich eine Übungspuppe (Dummy) befindet. Die Aufgabenstellung für die Auszubildenden lautet: » *Welche Möglichkeiten gibt es, diese Person bei Nullsicht in diesem Raum schnell und sicher aufzufinden?* « Ein Ausbilder moderiert die Lösungsfindung der Lernenden. Die wichtigsten Punkte hierbei sind unter anderem:
- lückenloses Absuchen,
- Rückweg finden,
- systematisches Vorgehen (auch bei mehreren zu durchsuchenden Räumen),
- angemessene Geschwindigkeit.

Das Ergebnis besteht in der Regel aus zwei Kernpunkten:
- Der Trupp bildet möglichst rechtwinklig zur Wand eine Absuchkette mit ständigem Kontakt zur Wand.
- Die Methode ist nur für begrenzte Raumgrößen anwendbar (z. B. durchschnittliche Raumgrößen in Wohnungen).

Für Atemschutzgeräteträger, die bereits über (eine längere) Erfahrung verfügen, eignet sich als Beginn der Ausbildung eine Absuchübung unter Nullsicht, um die bereits vorhandenen Kenntnisse aufzuzeigen und zu reflektieren.

Üben, üben, üben

Als nächste Stufe wird die gemeinsam erarbeitete Lösung angewendet. Dies geschieht zunächst in einem leeren Raum bei voller Sicht, um das System sicher beherrschen zu lernen. Die Fortsetzung bildet dann das Anwenden der Methode bei Nullsicht. Dies kann zunächst sehr gut mit lackierten Schwimmbrillen erfolgen, um eine vollständige Konzentration auf das Handeln zu realisieren (eine Anwendung mit abgedunkelten Atemanschlüssen erfolgt dann im Nachgang). Den Abschluss bildet das Absuchen von vollständig möblierten Wohnungen, bei dem die Lernenden mit neuen Problemen konfrontiert werden: Das Suchen wird durch Gegenstände behindert. Während der Steigerung fließt auch das Benutzen von Hilfsmitteln (z. B. einer Axt) zur Steigerung des Abtastradius mit ein.

Hauptrolle im Film

Die Lernenden durchlaufen nacheinander mehrere einzelne Übungseinheiten. Im Anschluss an jede Einzelübung erfolgt jeweils ein Feedbackgespräch zwischen Ausbilder und Trupp, damit die Lernenden bei der anschließenden Übung neu Erlerntes direkt umsetzen können. Bei jeder Einheit fordert der Ausbilder die Übenden dazu auf, in die Richtung des (vermuteten) Ausgangs zu zeigen. Alle Übungen werden zusätzlich von einem Ausbilder gefilmt (Bild 18). Nach der Ausbildung, jedoch in unmittelbarem zeitlichem Zusammenhang, erhalten die Auszubildenden eine CD bzw. DVD mit den Aufnahmen von ihrem eigenen truppweisen Handeln sowie eine Checkliste. So kann der jeweilige Trupp sich selbst (ohne Ausbilder!) anhand der Checkliste überprüfen. Diese Selbstreflektion ist wichtig, um sich selbst sein eigenes Handeln zu visualisieren und so zu verdeutlichen. Jeder Auszubildende wird so mit sich selbst konfrontiert, ohne dass ein Wegdiskutieren von Fakten (gegenüber dem de facto abwesenden Ausbilder) möglich ist. Darüber hinaus ist ein Erörtern von Verbesserungsmöglichkeiten innerhalb des Trupps realisierbar. Auf diese Weise ist eine Verbesserung

Bild 18: Absuchübung mit Filmaufnahme zur anschließenden Selbstauswertung durch die Übenden

des Handelns leicht möglich, ohne dass ein Ausbilder (mit einem erhobenen Finger) daneben steht. Die Auszubildenden lernen eigenverantwortlich. Dieses Vorgehen hat sich an der Feuerwehrschule in Skövde/Schweden wie auch bei eigenen Trainings sehr bewährt. Die Checkliste für die Film-Selbstanalyse enthält folgende Kernpunkte:

- Haben wir eine permanente Rückwegsicherung durchgeführt?
- Haben wir uns immer in Bodennähe bewegt?
- Sind wir immer geschlossen im Trupp vorgegangen?
- Haben wir uns im Trupp ausreichend gegenseitig informiert (z. B. über Hindernisse, Gefahren oder Türen)?
- Wussten wir zu jedem Zeitpunkt, wo wir uns gerade aufgehalten haben?
- Hatten wir jederzeit eine Orientierung zum Ausgang?
- Haben wir ausnahmslos flächendeckend abgesucht?
- War unsere Geschwindigkeit angemessen?
- Hatten wir ein gutes Schlauchmanagement, bei dem wir uns nicht behindert haben und das Strahlrohr ständig einsatzbereit war?
- Haben wir einen patientengerechten Transport des zu Rettenden durchgeführt?
- War das Strahlrohr auch einsatzbereit als wir die zu rettende Person transportiert haben?

Merke:
Sich selbst auf Filmaufnahmen zu betrachten, verdeutlicht erheblich mehr, als die gleichen Fakten vom Ausbilder genannt zu bekommen. Die Tatsachen werden deutlich besser verinnerlicht.

Der große Sprung

Ein alleiniges Erklären der Vorgehensweisen zum Absuchen von Räumen, auch mithilfe von Folien, genügt in der Regel nicht, um eine Anwendung der Lerninhalte bei einer anschließenden Übung zu erreichen. Die von den Lernenden zu erbringende Übertragungsleistung ist hierfür zu groß dimensioniert. Oftmals ist ein Bedürfnis nach einer Demonstration durch Ausbilder und nach einer Begleitung beim Erlernen zu beobachten. Werden diese Bedürfnisse nicht erfüllt, so stellen sich leicht Frustration, Überforderung oder Hilflosigkeit ein.

Variationen

Grundsätzlich wird bei der Gebäudebrandbekämpfung immer eine Schlauchleitung mitgeführt. Daher wird auch bei Absuchübungen eine mit Wasser gefüllte Schlauchleitung vorgenommen, um eine gewisse Realitätsnähe zu erreichen. Bei einzelnen Übungseinheiten kann – aus den verschiedensten Gründen – auch davon abgewichen werden. Hier bieten sich folgende Varianten an: Mitführen eines mit Sand gefüllten oder leeren Schlauches, Übungen ohne Schlauchleitung mit Leinen (Bild 19) oder das Verschließen der mit Wasser gefüllten Schlauchleitung zwischen dem letzten Schlauch und dem Strahlrohr mit einer Einlegescheibe, damit kein Wasser austreten kann. Weiterhin sind zu Übungseinheiten einzelner Trupps ergänzend auch Übungen, bei denen mehrere Trupps gleichzeitig üben, möglich. Hierdurch kann z. B. das Erlernen eines Leinenmanagements (eine Leine als Rückwegsicherung je Trupp) ermöglicht oder die Notwendigkeit einer guten Abstimmung zwischen den Trupps (Vorgehen aus unterschiedlichen Richtungen in den gleichen Einsatzbereich) verdeutlicht werden.

Bild 19: Absuchübung ohne Schlauchleitung zum Erlernen eines Leinenmanagements

Übungsörtlichkeiten

Absuchübungen können in allen erdenklichen Örtlichkeiten durchgeführt werden, beispielsweise Gebäuden im Rohbaustadium, Fahrzeughallen (mit und ohne Fahrzeuge), Übungshäuser (der Bundeswehr), Turnhallen, leerstehenden (aber standsicheren!) Abbruchgebäuden, Ställen, Werkstätten, Industrieanlagen, Garagen (auch kleine!) etc. Durch seitlich hingelegte Klapptische (Bierzeltgarnituren) lassen sich (z. B. in einer Halle) auch Grundrisse erzeugen.

8.7 Luft aus der Flasche

Ein Mensch überlebt zirka 30 Tage ohne Essen, zirka drei Tage ohne Wasser, aber nur etwa drei Minuten ohne Luft. Diese Gegenüberstellung verdeutlicht, dass die Zuführung von Atemluft permanent notwendig ist. Eine Unterbrechung der Atemluftversorgung wird – im Gegensatz zur Unterbrechung der Nahrungsaufnahme – nur sehr kurzzeitig toleriert.

Heute stellt eine weit entwickelte Atemschutztechnik sicher, dass die Atemluftversorgung im Einsatz jederzeit möglich ist. Versagt diese Technik oder ist der Geräteträger im Gefahrenbereich immobilisiert, so muss über eine Rückfallebene schnellstens eine gesicherte Atemluftversorgung hergestellt werden. Damit dies in einer solchen Extremsituation überhaupt möglich ist, bedarf es im Vorwege eines automatisierten Ablaufschemas, dessen Grundvoraussetzung ein stetes Training ist.

Die Ursachen von Geräteausfällen sind vielschichtig. Der Faktor »Mensch« ist hier sicherlich die entscheidende Größe. Wartungs- oder Handhabungsfehler können zu einem Totalausfall der Technik führen. Überschreitungen der Grenzen des jeweiligen Anwendungsbereichs, insbesondere thermischer Grenzen, können zu Defekten im technischen System und damit zu Störungen der Atemluftversorgung führen. Aber auch technische Lösungen, wie zum Beispiel die Ausführung eines Handrads an einem Atemluftbehälter, können eine Unterbrechung der Atemluftversorgung bedingen (vergleiche Kapitel »Rette sich wer kann!«). Diese »unmögliche Tatsache« (denn es kann nicht sein, was nicht sein darf [22]) hilft jedoch in einer akuten Notfalllage nicht weiter.

Auch wenn einem mögliche Störfälle im Bezug auf die Vielzahl der Atemschutzeinsätze verschwindend gering vorkommen mögen – tritt ein Störfall ein, muss sekundenschnell eine Gegenmaßnahme erfolgen. Dies verlangt vom Geräteträger ein automatisiertes Handeln. Der erste Schritt zum Handeln ist die Thematisierung des Problems. Die Möglichkeit einer Unterbrechung oder eines Totalausfalls der Atemluftversorgung ist ein wichtiger Bestandteil der Atemschutzgrundausbildung. Das Training von Rückfallebenen (»Plan-B-Training«) soll vor allem die Risiken beim Atemschutzeinsatz verdeutlichen und gleichzeitig eine Lösung vorgeben. Ziel ist es nicht, den mancherorts ohnehin schon knappen Anteil an (potenziellen) Atemschutzgeräteträgern zu verschrecken. Ziel ist es, ungeübte und unerfahrene Einsatzkräfte auf eine Notfall- und Ausnahmesituation vorzubereiten. Dies wird beim Atemschutzgeräteträger nicht zu einem Vertrauensverlust führen, sondern verschafft ihm über die Problemsensibilisierung einen zusätzlichen Sicherheitsgewinn.

Die beste Prävention ist die konsequente Umsetzung des Erlernten. So banal es auch klingen mag, viele Atemschutznotfälle hätten durch ein korrektes Verhalten und Umsetzung der Basismaßnahmen unter Atemschutz (z. B. regelmäßige Druckkontrolle mit Übermittlung der Drücke und des Standorts an die Atemschutzüberwachung) verhindert werden können.

Um ein Fehlverhalten von vornherein auszuschließen bzw. zu korrigieren, kann ein so genanntes Fehlertraining erfolgen. Die Trainingsbeschreibung beschränkt sich auf die Darstellung von zwei Arten einer möglichen akuten Luftversorgung. Verfügt das verwendete Atemschutzgerät über einen zweiten Mitteldruckanschluss (bautechnisch ist dies in der Regel ein so genanntes Y-Stück bzw. eine zweite Mitteldruckleitung, Bilder 20 und 21), kann ein Zweitverbraucher daran angeschlossen werden. Dies kann eine zu rettende Person sein oder (wie in unserem Fall) ein verunglückter Atemschutzgeräteträger. Ein Atemschutznotfall kann beispielsweise eintreten, wenn der eigene Luftverbrauch unterschätzt wird, der Restdruck zu spät beachtet wird oder der Rückmarschweg sich unerwartet verlängert hat. Die Folgen sind stets gleich: Der eigene Luftvorrat wird zum Verlassen des Gefahrenbereiches nicht ausreichen. Aber auch Beschädigungen am System können dazu führen, dass unmittelbar oder auch kurzfristig absehbar die Versorgung mit Atemluft abbricht oder abbrechen wird. Durch die Nutzung des Zweit-Mitteldruckanschlusses ist es möglich, den in Not geratenen Atemschutzgeräteträger an das noch intakte (und für einen sofortigen Rückzug mit ausreichend Luftreserven versehene)

Bild 20: Zweitanschluss am Manometer

Bild 21: Zweit-
anschluss am
Beckengurt

Atemschutzgerät anzuschließen. Je nach Gerätetyp und Bauart sind dafür unterschiedliche Handlungsabläufe notwendig.

Um herauszufinden, in welcher Form diese Atemluftnotversorgung möglich ist, müssen sich die Lernenden mit ihrem Atemschutzgerät und dessen Aufbau beschäftigen. Die Aufgabe besteht darin, dass der Lernende anfangs sehend, später blind den jeweiligen Gerätetyp erkennt, den Verlauf und die Platzierung aller für eine Notfallversorgung relevanten Bauteile sicher zuordnen, bestimmen und bedienen kann.

Am Beispiel eines Atemschutzgerätes mit Zweitanschluss wird im Folgenden das Grundtraining zur Notfallatemluftversorgung erläutert.

Im U-Boot

Das Grundprinzip der hier beschriebenen Notfallatemluftversorgung ist das Trennen und Wiederverbinden der Lungenautomatenleitung an einer Druckluftkupplung. Als erste Übung wird die so genannte »U-Boot-Übung«[22] [19] durchgeführt. Dazu werden für beispielsweise zwölf Lernende sechs Atemschutzgeräte mit Zweit-Mitteldruckanschlüssen in einem Parcours platziert. Um den Parcours durchlaufen zu können, muss der Atemschutzgeräteträger sich von dem einen Gerät lösen, um sich in das folgende Atemschutzgerät einzukuppeln. Unter dem ersten Eindruck einer fast gänzlichen Nullversorgung mit Atemluft agieren die Übenden teilweise fahrig. Hier sind die Ausbilder gefragt, beruhigend einzugreifen.

Diese Übung verfolgt mehrere Lernziele. Der Auszubildende kann unter Druck stehende Druckluftkupplungen trennen und zusammenführen. Er kann unter dem Eindruck einer Nullversorgung mit Atemluft weiter agieren und zielgerecht handeln. Steigerungen dieser Übung sind durch eine Reduzierung der Atemschutzgeräte oder eine Vergrößerung der Distanzen zwischen den Geräten möglich. Auch ist das Arbeiten unter Nullsicht mithilfe einer Wegmarkierung (Feuerwehrleine oder Druckschlauch) zwischen den Atemschutzgeräten als letzte Schwierigkeitsstufe denkbar.

---

22 In der Vergangenheit ermöglichten es an der Decke von Unterseebooten angebrachte Atemluftversorgungsanschlüsse der Besatzung, sich im Havariefall durch das Ein- und Ausklinken von Atemanschlüssen in einer unventilierten Atmosphäre im Boot fortzubewegen.

Atemluftspende

Hat der Auszubildende das Handling verstanden, erlernt er ein Arbeitsmuster, mit dem eine Atemluftnotversorgung innerhalb eines Atemschutztrupps (Atemluftspende) möglich wird. Dazu begeben sich die Atemschutzgeräteträger des Trupps in eine »T-Stellung« zueinander. Über den Helm, den Atemanschluss und den Lungenautomaten des in Not Geratenen ertastet der Atemluftspender die Lungenautomatenleitung. Der Spender trifft im weiteren Verlauf der Mitteldruckleitung auf Befestigungslaschen, welche die Druckluftkupplung fixieren. Diese Befestigungslaschen öffnet der Spender, um einen freien Zugriff auf die Kupplung zu erhalten. Der Spender ist nun zum Trennen bereit und artikuliert dies auch laut. Gleichzeitig ertastet der in Not geratene Atemschutzgeräteträger den Zweitanschluss am Spendergerät, entfernt die Staubschutzkappe und folgt mit der anderen Hand ebenfalls über seinen Helm, den Atemanschluss und den Lungenautomaten hinweg seiner Mitteldruckleitung und stößt dabei auf die zum Trennen bereiten Hände des Trupppartners. Durch ein deutliches Klopfen auf den Handrücken des Spenders wird dem Spender signalisiert, dass der in Not Geratene seine Mitteldruckleitung in der einen Hand gesichert hat und seine zweite Hand sich am Zweitanschluss des Spendergerätes befindet. Auf Kommando wird die Mitteldruckleitung durch den Atemluftspender getrennt und durch den in Not geratenen Atemschutzgeräteträger am Zweitanschluss des Spendergerätes angeschlossen. Die Atemschutzgeräteträger sichern sich gegenseitig mit ihren Armen, um die freie Lungenautomatenleitung vor Zug zu sichern. Nach Durchsage einer Mayday-Meldung tritt der Trupp – wenn möglich – unverzüglich den Rückweg an.

Da diese Methode der Atemluftspende sehr komplex ist, erfolgt deren Erlernen in mehreren Schritten.

Erster Lernschritt:
Die Einsatzkräfte üben ohne Feuerwehrschutzhandschuhe und mit Sicht die einzelnen Abläufe mit angelegtem Atemschutzgerät. Die Ausbilder begleiten die Lernenden und unterstützen sie gegebenenfalls korrigierend.

Zweiter Lernschritt:
Die Übenden wiederholen die einzelnen Abläufe mit Sicht, aber nun mit Feuerwehrschutzhandschuhen (verminderte Sensorik).

Dritter Lernschritt:

Die Übenden absolvieren die Übung mit Feuerwehrschutzhandschuhen, ohne Sicht und mit angeschlossenen Lungenautomaten. Hier tragen das wiederholte Üben sowie die Hilfen der Ausbilder aus den vorangehenden Übungen erste Früchte. Unter dem Eindruck der Nullversorgung mit Atemluft agieren die Übenden in der Regel hektisch, wenn keine U-Boot-Übung durchlaufen wurde. Die Ansprache durch den Ausbilder wirkt hier beruhigend und führt die Lernenden zum stets gleichen Handlungsablauf zurück.

Nach der Beobachtung von mehr als eintausend Trainierenden wird diese Handlungsweise bereits nach einem kurzen Training von zirka 30 Minuten sicher beherrscht und danach eine Atemluftspende innerhalb von zehn bis 20 Sekunden erfolgreich absolviert. Verfügt das verwendete Atemschutzgerät über ein Y-Stück (siehe auch Bild 20, hier am Manometer integriert), können die Übungsschritte entsprechend vereinfacht werden.

Diese Grundübung ist Vorbedingung für die zweite Art der akuten Atemluftversorgung, die Notversorgung unter Zuhilfenahme eines autarken Atemschutzgerätes (Rettungspressluftatmer, Bild 22).

Rettungspressluftatmer

Mit der Grundübung verfügt der Lernende über alle notwendigen Handgriffe und Abläufe, um ein Atemluftsystem auch unter erschwerten Bedingungen und unter Zeitdruck wechseln zu können. Dieses Wissen wird nun auf eine neue Übung übertragen. Das Trennen der Lungenautomatenleitung ist für die Lernenden bereits Routine. Neu ist, dass das Trennen und wieder Zusammenkuppeln nun bei einem Dritten erfolgt (Bild 23).

Der Handlungsablauf bleibt bestehen. Ein Atemschutzgeräteträger trennt die Mitteldruckleitung, der zweite Atemschutzgeräteträger kuppelt die Systeme wieder zusammen. Im klassischen Rettungsszenario trifft ein Sicherheitstrupp mit einem mitgeführten Rettungspressluftatmer bei einem in Not geratenen Atemschutzgeräteträger ein. Im weiteren Rettungsverlauf schließt er den Rettungspressluftatmer zur Sicherstellung der Atemluftversorgung an den Verunfallten an. Auch hier tastet sich ein Sicherheitstruppmitglied wieder über Helm, Atemanschluss und Lungenautomat an der Mitteldruckleitung entlang zur Trennstelle vor. Das zweite Sicherheitstruppmitglied berei-

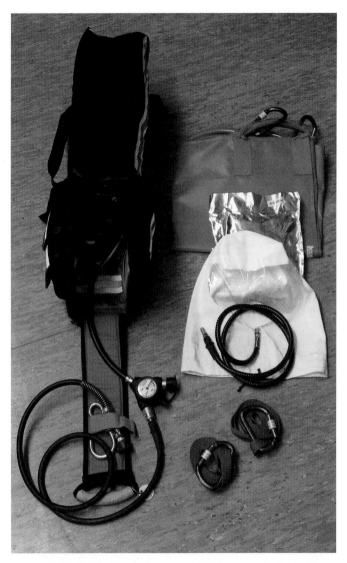

Bild 22: Rettungspressluftatmer Modell Berlin, 2. Generation
(für Atemschutznotfall trainierte Staffeln)

Bild 23: Kupplungsstelle

Bild 24: Luftversorgung mithilfe eines Rettungspressluft-atmers (Modell Berlin, 1. Generation)

tet den Rettungspressluftatmer vor und tastet sich ebenfalls über Helm, Atemanschluss und Lungenautomat zur Trennstelle vor und sichert damit die Lungenautomatenleitung zusätzlich. Durch ein deutliches Klopfen auf den Handrücken des Trupppartners wird signalisiert, dass alle notwendigen Vorbereitungen für den Systemwechsel abgeschlossen sind. Auf Kommando wird die Mitteldruckleitung getrennt und durch den Trupppartner am Rettungspressluftatmer angeschlossen (Bild 24).

Nach den Übungen ist jedem Atemschutzgeräteträger bewusst, dass er stets dieselben Handgriffe ausgeführt hat. Manche nennen diese Ausbildungsform auch »Drill«.

Rettungshaube

Eine weitere Variante der Atemluftnotversorgung ist der Einsatz einer Rettungshaube (Bilder 25 und 26). Diese stellt nicht nur ein Rettungsmittel für Dritte dar, sondern steht im Notfall auch dem Atemschutzgeräteträger selbst zur Verfügung. Wird die Haube stets mitgeführt, ist dieses Rettungsmittel wie ein Sekundärsystem für den Atemschutzgeräteträger zu verstehen und erweitert somit die Möglichkeiten einer Atemluftnotversorgung.

Das Anwendungsprinzip ist denkbar einfach. Die Haube verfügt über eine Mitteldruckleitung, die nach Anschluss an ein Atemschutzgerät (über den Zweitanschluss) einen kontinuier-

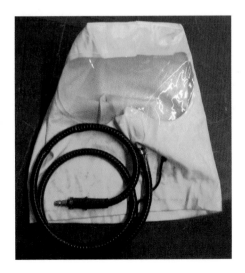

Bild 25:
Rettungshaube

Bild 26: Trageweise einer Rettungshaube am Pressluftatmer

lichen Luftstrom in die Haube abgibt. Der sich dadurch unter der Haube aufbauende leichte Überdruck verhindert das Eindringen von Schadgasen und ermöglicht ein freies Atmen. Diese Möglichkeit der Atemluftnotversorgung ist für eine Selbstversorgung oder auch eine Fremdversorgung geeignet.

Der Einsatz einer Rettungshaube ist bei einer Störung des oberen Luftversorgungssystems (Lungenautomat oder Atemanschluss) sinnvoll. Solche Notfälle können zum Beispiel eine Undichtigkeit des Atemanschlusses sein, bei der eine Dichtigkeit nicht mehr hergestellt werden kann oder eine Funktionsstörung im Bereich des Lungenautomaten (vergleiche [23]). In einem solchen Fall legt der in Not geratene Atemschutzgeräteträger seinen Helm, seine Flammschutzhaube und seinen Atemanschluss ab und benutzt die Rettungshaube als Notfallversorgung. Das hierfür notwendige Training ist denkbar einfach: Dem Übenden wird zuvor die Rettungshaube vorgeführt und die Inbetriebnahme erläutert. Im nächsten Schritt erfolgt das Ablegen des oberen Luftversorgungssystems. Hierfür wird zuerst der Helm abgelegt. Der in Not geratene Atemschutzgeräteträger zieht den Atemanschluss nach vorne vom Gesicht weg und streift das System aus Lungenautomat, Atemanschluss und Flammschutzhaube über den Kopf nach hinten ab. Alternativ ist auch nur die Abnahme des Helms und des Lungenautomaten möglich; bei dieser Variante bleibt der Kopf weiterhin thermisch geschützt. Als letzte Maßnahme zieht sich der Atemschutzgeräteträger die Rettungshaube über den Kopf und verjüngt den Halsausschnitt. Eine Helm-Masken-Kombination vereinfacht diese Prozedur zusätzlich.

Im Übungsbetrieb reicht eine praktische Vorführung durch den Ausbilder aus. Der Übende kann dieses Arbeitsmuster intuitiv wiederholen. Bereits bei der ersten Anwendung gelingt diese Prozedur in der Regel innerhalb von 30 bis 40 Sekunden. Ein weiteres Training verkürzt diese Überlebensübung auf unter 20 Sekunden – ein Zeitfenster, in dem es auch unter dem Eindruck einer Sauerstoffschuld möglich ist, ein System komplett und sicher zu wechseln. In diesem Zusammenhang sei darauf hingewiesen, dass den Übenden erklärt werden muss, dass ein Atemreiz, so groß er auch erscheinen mag, eine kurze Zeitspanne unterdrückbar ist. Durch trockenes Herunterschlucken lässt sich der Reiz kurzzeitig für die Zeit des Systemwechsels verringern. Bei der praktischen Umsetzung gibt den Lernenden das Wissen, dass ein Mensch eine Unterbrechung der Sauerstoffzufuhr von 60 Sekunden schadlos übersteht und der Atemreiz als ein Schmerz zu verstehen ist, der in dieser Notfalllage ertragen werden muss, Sicherheit.

8.8   Rette sich wer kann!

Schließlich sind wir die Feuerwehr...

Das Arbeiten unter Atemschutz ist nicht frei von Gefahren. Diese Erkenntnis ist nicht neu und findet traurige Bestätigung in den Unfallberichten der vergangenen Jahre. Die Abschlussberichte zu den Atemschutzunfällen in Köln, Tübingen und Göttingen, um nur einige exemplarisch zu nennen, beschreiben eindrucksvoll und nachhaltig die Gefahrenlage, in der ein Atemschutzgeräteträger seinen Einsatzauftrag erfüllen soll. In vielen Fällen gehen Atemschutzgeräteträger aus Atemschutzeinsätzen erfolgreich und unbeschadet hervor, teilweise bleibt der Erfolg aus, da das angestrebte Ziel nicht erreicht werden konnte und in einigen Fällen kommt es zu Beinaheunfällen.

Diese Einsätze mit einem günstigen Verlauf, deren Ausgang nicht durch taktische Entscheidungen oder durch diszipliniertes Umsetzen des Erlernten geprägt ist, beruhen auf einem Umstand, der nicht in der Feuerwehrfachliteratur oder in Ausbildungsrichtlinien zu finden ist: Glück! Jeder dürfte es ein oder mehrere Male an unterschiedlichsten Einsatzstellen erlebt haben, auch wenn das Glück nicht in den Einsatzberichten als solches benannt wird. Glück ist ein guter und legitimer Wegbegleiter, leider resultiert daraus kein grundsätzlicher Anspruch. Einsätze, deren Ergebnisse nicht unseren Zielerwartungen entsprachen, hatten beispielsweise einen »unglücklichen Verlauf«. Die Steigerung davon ist der »Unglücksfall« als Beschreibung eines Ereignisses, dessen Ergebnis als »schlimmer als befürchtet« bezeichnet wird. Hingegen wird das Wort »Glücksfall« oder »glücklicher Umstand« seltener in der Darstellung eines Einsatzverlaufs bemüht. Auch wenn dies durchaus den Tatsachen entsprechen würde, wird dieser Umstand dennoch gerne als eine »fachgemäße Entscheidung zum richtigen Zeitpunkt« umschrieben, die »ein weiteres Schadensausmaß erfolgreich verhindern konnte«.

Es stellt sich die Frage, was der Begriff »Glück« mit einem Notfalltraining zu tun hat. Nichts?

Glücklicherweise kommt es selten zu einer Einsatzlage, in der ein Atemschutzgeräteträger in Not gerät und/oder einen Unfall erleidet. Das Glück scheint also neben sachlichen Überlegungen als Erfahrungsgröße unsere Entscheidungen mit zu beeinflussen. Es schwingt in Aussagen mit wie: »es wird schon irgendwie gehen«, »da ist noch nie etwas passiert«, »man kann sich nicht auf alle Lagen vorbereiten« oder »ein Restrisiko bleibt, dafür sind wir schließlich die Feuerwehr«. Diese Aussagen, im richtigen Moment platziert, fungieren in der Regel als Totschlagargument zum Beenden eines Gespräches oder einer Diskussion. Letztendlich sollen diese Scheinargumente einem Gesprächspartner signalisieren, dass seine vorgetragenen Zweifel unbegründet sind und ein Handeln daher nicht notwendig oder unverhältnismäßig ist. Hierbei bleibt der angelegte Maßstab für das Verhältnis jedoch oftmals unklar. Wer den Einsatzerfolg in einer Notfallsituation nicht allein vom Glück abhängig machen will, der kann in einem Praxisversuch klären, wie handlungsfähig ein verunfallter Atemschutztrupp ist und ob ein Sicherheitstrupp in der Lage ist, die geplante Handlungsstrategie anzuwenden bzw. überhaupt eine Handlungsstrategie zu erkennen ist.

Praxisversuch

Das Grundprinzip dieses Versuches besteht darin, dass möglichst alle an der Übung beteiligten Einsatzkräfte diese Übung unvorbereitet absolvieren. Dies ist in didaktischer Hinsicht natürlich sehr unkonventionell, deshalb bedarf es nach der Übung auch einer besonderen Aufarbeitung. Dies sollte Ausbilder jedoch nicht von dieser Methode abhalten, denn der Lohn dieser Vorgehensweise sind erstaunliche und eindrucksvolle Ergebnisse.

In der Vergangenheit wurde das folgende Übungsszenario bereits mehrere hundertmal und in der Form fast unverändert mit Kräften von Berufsfeuerwehren, von Freiwilligen Feuerwehren, in einer Kombination zwischen haupt- und ehrenamtlichen Kräften sowie in unterschiedlichen Bundesländern angewendet.

Das Szenario ist an die Ereignisse eines Brandeinsatzes der Feuerwehr Köln aus dem Jahre 1996 (Einsatzort war die Kierberger Straße) angelehnt. Die Annahme, dass mehrere Kellerverschläge eines Wohngebäudes im Vollbrand stehen, bildet das Grundszenario der Einsatzübung. Im Keller herrscht aufgrund des Feuers eine starke Wärme- und Rauchentwicklung mit totaler Verrauchung, sodass annähernde Nullsicht besteht und die Kräfte sich nur in Bodennähe fortbewegen können. Der Brandherd ist zirka zwei bis drei Schlauchlängen vom Kellerzugang entfernt. Im Zuge der Lösch- und Erkundungsarbeiten wird der Angriffstruppführer durch den Teileinsturz eines Schwerlastregals verletzt und dadurch handlungsunfähig. Erschwerend kommt hinzu, dass beim schwer verletzten Truppführer der Restdruckwarner des Atemschutzgerätes anspricht. Der Angriffstruppmann bleibt unverletzt.

Die Einsatzübung soll einen einsatznahen Charakter besitzen. Um dies zu erreichen, bedarf es einer gespielten Wirklichkeit. Alle Einsatzkräfte rüsten sich gemäß Vorgabe ihrer Feuerwehr zum Brandeinsatz aus. Da Hitze, Rauch und der persönliche Erfolgsdruck zur Erfüllung des Einsatzauftrages in dieser Übung nicht real darstellbar sind, bedienen sich die Ausbilder einer Reihe von Spielregeln und Hilfsmitteln. Um eine totale Verrauchung (Nullsicht) zu realisieren, werden den Übenden, die mit Isoliergeräten die Einsatzstelle betreten, ab einer definierten Stelle (simulierte Rauchgrenze) die Sichtscheiben ihrer Atemanschlüsse verdunkelt (siehe Kapitel »Schließ die Augen und stell dir vor...«). Der Eindruck einer starken Strahlungs- und Umgebungswärme wird dadurch erreicht, dass die Übenden dazu angehalten werden, sich nur geduckt (unterhalb der Türklinkenhöhe) fortzubewegen. Ein aufrechtes Stehen darf nur für einen kurzen Moment vom Übungsleiter geduldet werden. Zusätzlich werden alle Tätigkeiten mit Feuerwehrschutzhandschuhen ausgeführt.

Bei Feuerwehreinsätzen entsteht Stress, hervorgerufen durch Bedrohung, Ungewissheit und persönlichen Erfolgsdruck. Um auch in dieser Übung einen realitätsnahen Stress beim Übenden zu erzeugen, werden zusätzliche Stressoren (z. B. Störgeräusche, hervorgerufen durch lautes Rauschen, Klappern von Blechen o. Ä.) eingespielt. Die erzeugte Geräuschkulisse hat dabei nicht primär das Ziel, die Akustik einer Einsatzstelle möglichst genau nachzubilden, sie nutzt lediglich psychische und physiologische Reaktionen des menschlichen Körpers auf einen starken Schalldruck aus. Laute Störquellen lassen die Herzfrequenz und den Blutdruck steigen. Darüber hinaus behindert die Geräuschkulisse die Kommunikation: Die Übenden müssen sich lautstark artikulieren, woraus ein erhöhter Atemluftverbrauch resultiert.

Je nach gewählter Einsatztaktik, vorliegendem Ausrüstungsstand und Bereitschaftsgrad der Übenden nimmt diese Übung einen individuellen Verlauf. Die Aufgabe der Trainer besteht darin, die in ihrer Sicht deutlich behinderten Einsatzkräfte vor Verletzungen zu schützen und gleichzeitig eine glaubwürdige Stresssituation durch Geräusche und ähnliche Einflüsse zu realisieren. Zur Übungsvorbereitung gehört hier insbesondere, dass allen Übenden die Wichtigkeit der Einhaltung der Spielregeln verdeutlicht wird. Hierbei werden den Übenden auch die bereits erörterten drei Übungsbefehle (siehe Kapitel »Die Spielregeln«) vorgestellt, um korrigierend oder endend in die Übung eingreifen zu können. Gleichzeitig wird der Übung ein größtmöglicher Freiraum zur Eigendynamik gegeben und nur in Gefahrenlagen oder bei Regelverstößen korrigierend durch die Ausbilder eingegriffen. Auf ein Drehbuch und Regieanweisungen wird bewusst verzichtet. Die konsequente Zurückhaltung des Übungsleiters und der Beobachter zielt darauf ab, den Übenden das Gefühl zu vermitteln, isoliert und weitgehend unbeobachtet ihren Einsatzauftrag zu erfüllen.

Aus dem Blickwinkel der Methodik und Didaktik scheint diese Übung in der Herangehensweise falsch platziert zu sein: Gewöhnlicherweise wird versucht, eine neue Aufgabe am Anfang theoretisch zu erarbeiten. Erst im zweiten Schritt erfolgt eine praktische Umsetzung des Erlernten. Ziel dieser Übung ist es aber nicht, eine Erfolgskontrolle durchzuführen oder Erlerntes zu verstetigen. Das erfolgt zu einem späteren Zeitpunkt. Das einzige Ziel dieser Übung besteht darin, den gegenwärtigen Stand aufzuzeigen, d. h. eine Sachstandsanalyse zu realisieren. Ausschließlich als solches muss diese Übung auch im Nachgang angesehen werden. Analytisch werden bei einer anschließenden Nachbetrachtung die Punkte herausgearbeitet, die es zu verbessern oder gar zu verändern gilt. Typische Erkenntnisse aus solchen Übungen sind:

- es war keine Handlungsstrategie zu erkennen,
- gewohnte Abläufe und Maßnahmen griffen nicht,
- taktische Grundregeln verkehrten sich ins Negative.

Keinesfalls darf bei Übenden der Eindruck entstehen, sie werden vorgeführt. Alle Beteiligten sollen sich aber ihrer Handlungsfähigkeit in einer Notfallsituation bewusst werden. Diese Einsatzübung, am Beginn eines Atemschutznotfalltrainings platziert, kann oftmals den notwendigen Schlüssel und die erforderliche Akzeptanz zum anschließenden Notfalltraining bieten.

Todesreflex

Jeder Atemschutzgeräteträger kennt den Gedanken, dass seine Atemluftzufuhr plötzlich unterbrochen werden könnte. Für einige ist dieser Gedanke bereits Realität geworden: Das versehentliche Zudrehen von Atemluftbehältern durch Entlangschleifen des Handrades vom Ventil an massiven Gegenständen (z. B. Wände, Türen oder Böden) ist einer der häufigsten Beinaheunfälle bei gleichzeitig höchster Dunkelziffer. Die typische Reaktion bei einer unterbrochenen Luftzufuhr ist in der Regel der Todesreflex: ein schneller unbewusster Griff zum Atemanschluss, um ihn vom Gesicht abzuheben und so ein Atmen zu ermöglichen. Hierdurch wird zwangsläufig Umgebungsluft eingeatmet, was durch das Tragen des Atemschutzgerätes ursprünglich ausgeschlossen werden sollte. Müssen wir mit diesem tödlichen Widerspruch leben oder lässt er sich beheben?

Durch die Schulung eines so genannten Ventilgriffreflexes wird dieser Widerspruch behoben: Liefert das Atemschutzgerät keine Luft mehr, so greift der Geräteträger automatisch zum Ventil des Atemluftbehälters und öffnet diesen.

Bild 27: Ventilgriffreflex (links: Schließen des Atemluftbehälters, rechts: Öffnen des Atemluftbehälters; Fotos: Lars Lorenzen)

Ventilgriffreflex

Zum Trainieren des Ventilgriffreflexes hat sich an der Landesfeuerwehrschule Hamburg [24] und später auch während eigener Ausbildungsveranstaltungen folgender Ablauf als gut geeignet erwiesen: Der Griffreflex wird von einem Ausbilder erklärt und gezeigt. Die auszubildenden Atemschutzgeräteträger bilden anschließend einen Kreis, in dem sie jeweils mit dem Bauch zum Rücken des Vordermannes stehen. Auf das Kommando eines Ausbilders hin schließen die Auszubildenden den Atemluftbehälter des Vordermannes und legen ihre Hände auf den eigenen Helm oder lassen die Arme locker herunter hängen. Sobald sie merken, dass sie keine Luft mehr bekommen, greifen sie gezielt zum Ventil des eigenen Atemluftbehälters und öffnen diesen (Bild 27). Dieser Vorgang wird zur Reflexbildung häufig wiederholt.

Verlust des Lungenautomaten: Todesgefahr!

Auch der Gedanke an einen vom Atemanschluss abgefallenen Lungenautomaten ist für viele Atemschutzgeräteträger nicht fremd. Leider beherrschen jedoch die wenigsten Atemschutzgeräteträger den so genannten Schultergriffreflex, der bei einem abgefallenen Lungenautomat dessen sicheres und schnelles Auffinden garantiert.

Schultergriffreflex

Der Schultergriffreflex setzt sich aus zwei aufeinander folgenden Bewegungen zum Ertasten eines verlorenen Lungenautomaten zusammen: Bemerkt ein Atemschutzgeräteträger, dass sein Lungenautomat vom Atemanschluss abgefallen ist, ergreift er unbewusst mit einer Hand die auf der Schulter des anderen Armes verlaufende Mitteldruckleitung zum Lungenautomaten. Anschließend folgt er mit der um die Leitung geschlossenen

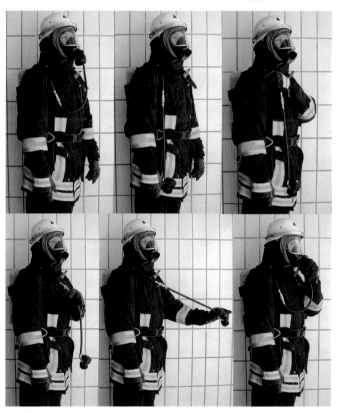

Bild 28: Schultergriffreflex (von links oben nach rechts unten: Ausgangsposition, abgefallener Lungenautomat, Greifen der Mitteldruckleitung an der Schulter, Entlangtasten an der Mitteldruckleitung, Finden des Lungenautomaten, Führen des Lungenautomaten zum Atemanschluss)

Hand der Mitteldruckleitung, bis er den Lungenautomaten in der Hand hält und ihn so erneut anschließen kann (Bild 28).

Nachdem ein Ausbilder den Schultergriffreflex vorgeführt und erklärt hat, üben die auszubildenden Atemschutzgeräteträger diesen. Im Anschluss daran stehen die Auszubildenden mit angeschlossenen Lungenautomaten und vollständig verdeckten Sichtscheiben der Atemanschlüsse (Nullsicht) so im Kreis, dass ihre Lungenautomaten nach innen zeigen. Ein oder mehrere Ausbilder nehmen nun mehrfach die Lungenautomaten von den Atemanschlüssen der Lernenden, die sofort nach dem Herunterfallen des Lungenautomaten den Schultergriffreflex ausführen.

8.9 Viel hilft viel?

Hohlstrahlrohre gehören heute zur Standardbeladung von Löschfahrzeugen. Dort liegen sie dann aber oft völlig unbeachtet. Beachtet werden sie nur, wenn sie im Einsatz gebraucht werden. *»Die Handhabung eines Strahlrohres ist kinderleicht – das ist ein Thema für die Jugendfeuerwehr!«* Das ist eine Aussage, die sicherlich viele von uns mittragen werden. Aber woher resultieren dann die zahlreichen Wasserschäden bei Löscharbeiten? Darf es heute noch sein, dass der Keller nach einem Dachstuhlbrand einem Schwimmbad gleicht? Hier zeigt sich deutlich, dass bei der Strahlrohrhandhabung eben doch häufig Defizite vorhanden sind. Ein weiterer wichtiger Aspekt ist, dass in einer Extremsituation das Überleben unter Umständen auch von der sicheren Handhabung des Strahlrohres abhängen kann.

Selbsttest

Im Rahmen eines Schnelltestes können die eigenen Fähigkeiten am Strahlrohr eingeschätzt werden:
– Können Sie mit geschlossenen Augen Ihr örtlich vorhandenes Strahlrohr mit allen Baugruppen und Einstellmöglichkeiten genau beschreiben, ohne es in Ihren Händen zu halten?
– Können Sie, wenn Sie das Strahlrohr in Ihren Händen halten, sofort und ohne zu zögern jeweils einen Vollstrahl, ein zur Kühlung einer Rauchschicht optimales Strahlbild (Raumgeometrie wie bei Wohnungen üblich) sowie ein vollaufgefächertes Strahlbild einstellen?

- Können Sie die Durchflussmenge mit geschlossenen Augen so verändern, dass Sie genau wissen, welcher Wert eingestellt ist?
- Führen Sie Ihr Strahlrohr dynamisch und haben sich abtrainiert, beim Löschen eines Brandes in einem Gebäude häufig das Strahlrohr unbewegt in der Hand zu halten und es minutenlang nicht zu schließen?

Bereits bei nur einer einzigen Antwort mit Nein beherrschen Sie das Handwerkszeug Strahlrohr vermutlich noch nicht optimal. Sie sollten mehr damit trainieren, wenn Sie den Bürgern einen optimalen Kundenservice[23] und sich eine hohe Eigensicherheit bieten wollen. Bei der Entscheidung für oder gegen ein Strahlrohrtraining sollten Sie bewusst darüber nachdenken, dass Sie bei jeder Brandbekämpfung im Innenangriff in eine Notsituation geraten können. Also machen wir uns gemeinsam auf den Weg zur sicheren Beherrschung des Hohlstrahlrohrs.

> **Merke:**
> Strahlrohrführer, die ihr Hohlstrahlrohr nicht sicher beherrschen oder undiszipliniert damit umgehen, gefährden nicht nur den Einsatzerfolg, sondern auch ihre Gesundheit, da ein Überleben unter Umständen von der sicheren Handhabung des Strahlrohres abhängt.

Wie viel Wasser?

Die Durchflussmenge und Anwendung eines Löschmittels müssen allen Faustformeln zum Trotz immer dem Ausmaß des Brandes und den örtlichen Gegebenheiten angepasst sein: Zu viel Wasser verursacht Schäden, zu wenig Wasser bringt keinen Löscherfolg. Das bedeutet für den Strahlrohrführer, dass er die Verwendung seines Strahlrohres einer veränderten Situation anpassen muss, um einen Schaden durch über- oder unterdosiertes Löschmittel zu vermeiden.

»Aber wir brauchen Richtwerte, um nicht jedes Mal völlig ohne Anhaltspunkt in einen Einsatz zu gehen«, werden jetzt sicherlich viele von Ihnen denken. Und Sie haben Recht: Es ist nicht sinnvoll, mit einem handelsüblichen Gartenschlauch in

---

23 In diesem Fall ist explizit die Vermeidung leicht umgehbarer Wasserschäden gemeint.

den Innenangriff zu gehen und auszuprobieren, ob die Lösch-wassermenge aus diesem Schlauch ausreicht. Um ausreichend Wärmeenergie von einem Brand zu binden, ist selbstverständlich eine bestimmte Menge an Löschwasser erforderlich. Grundsätzlich sollte daher nicht mit einer geringeren Durchflussrate als 100 Liter pro Minute vorgegangen werden. Diese Durchflussmenge erscheint bei Bränden in normalen Wohngebäuden mit durchschnittlichen Raumgrößen als ausreichend. Optimal wäre eine Durchflussmenge von 200 Litern pro Minute.

Als Hilfe zur Abschätzung, ob die gewählte Durchflussmenge ausreichend ist, bieten sich zwei Gleichungen an: Die minimale Durchflussrate, die für einen Löscherfolg notwendig ist, kann mit der Gleichung 1 bestimmt werden. Mittels Gleichung 2 kann die minimal notwendige Durchflussrate für Brände, bei denen eine Ausbreitung auf mehrere Räume stattgefunden hat oder ein starker Windzug herrscht, errechnet werden [25].

Gleichung 1: $\quad L = A \cdot 4$

Gleichung 2: $\quad L = A \cdot 6$

mit:

L = Löschwasserstrom in l/min
A = Grundfläche der Brandbeaufschlagung in m²
    (Gültigkeitsgrenzen: 50 bis 600 m²)

Mehr Dynamik!

Beim klassischen direkten Löschangriff wird das Brandgut mithilfe eines direkt auf den Brandherd gerichteten Wasserstrahls durchfeuchtet. Dieser Angriff wird auch heute noch am häufigsten verwendet, üblicherweise wird dabei fast ununterbrochen Wasser abgegeben. Bei einem solchen Vorgehen mit einer kontinuierlichen Wasserabgabe nimmt jedoch nur etwa ein Drittel des eingesetzten Wassers am Löschvorgang teil. Das bedeutet, dass zwei Drittel des Löschwassers nutzlos abfließen, wodurch unter Umständen erhebliche Schäden verursacht werden.

Um einen effizienteren Einsatz des Löschwassers zu erreichen, muss es impulsweise und in der Regel *nicht* im Vollstrahl abgegeben werden. Dabei muss die Zeitdauer der Impulse in Abhängigkeit von der Situation gewählt werden. Zwischen den einzelnen Wasserstößen wird der Löscherfolg beobachtet und über die Notwendigkeit eines weiteren Wassereinsatzes entschieden. Durch dieses Vorgehen kann der Löscherfolg wesentlich genauer beobachtet werden, als bei einer ununterbrochenen Wasserabgabe.

Während eines direkten Löschangriffes bei der Feststoffbrandbekämpfung erhöht eine dynamische Führung des Strahlrohres die Effektivität des eingesetzten Löschmittels erheblich gegenüber einer unbewegten Haltung des Strahlrohres. So wird eine möglichst große Fläche der jeweils größten Wärmequelle in einer möglichst kleinen Zeitspanne mit Wasser benetzt. Dies hat eine gezielte Anwendung des Löschwassers bei gleichzeitig schnellstmöglich einsetzendem Löscherfolg zur Folge [26].

Die dynamische Strahlrohrführung bei direkten Löschangriffen lässt sich leicht trainieren: Es werden mehrere identische Holzkrippen gefertigt. Jeweils eine Holzkrippe wird in einer Metallwanne platziert und entzündet. Nach einer einheitlichen Vorbrennzeit sollen einzelne Einsatzkräfte nacheinander eine dieser Krippen löschen. Als Hilfsmittel steht ihnen dafür ein D-Mehrzweckstrahlrohr zur Verfügung, in das zwischen Mundstück und Strahlrohrkorpus eine Scheibe mit einer 1,5 mm-Bohrung eingelegt wurde. Für jeden Löschvorgang werden die benötigte Zeit sowie im Anschluss die Höhe des in der Wanne stehenden Wassers gemessen. Bei dieser Lerneinheit zeigt sich, dass bei einer dynamischen Strahlrohrführung weniger Zeit benötigt wird und weniger »Wasserschaden« in der Wanne entsteht [26].

Auf zum Angriff!

Heute wird ein so genannter offensiver Löschangriff als optimales Vorgehen für die Gebäudebrandbekämpfung im Innenangriff angesehen. Der offensive Angriff vereint eine Inertisierung bei gleichzeitiger Kühlung der Rauchschicht mit einem anschließenden direkten Löschangriff. Die Inertisierung der Rauchschicht wird bei diesem Vorgehen mit Wasserdampf realisiert. Zu diesem Zweck gibt der vorgehende Atemschutztrupp (nach einem Temperaturcheck[24], bei dem eine hohe Temperatur der Rauchschicht festgestellt wurde) Löschwasserimpulse in die Rauchschicht ab. Die Impulse sind hierbei so dimensioniert, dass das abgegebene Wasser komplett in der Rauchschicht verdampft (in der Regel sind die Impulse eine Sekunde lang). Der Strahlrohrführer gibt lediglich eine Wassermenge in die Rauchschicht,

---

24 Ein Temperaturcheck ist ein senkrecht nach oben abgegebener Wasserimpuls mit einem Volumen von zirka einem halben Liter Wasser.

Bild 29: Winkelabschätzung (die Ecke zwischen Wand und Decke ist hier fast winkelidentisch mit der rechten oberen Ecke des Bildes)

die ein Bestehenbleiben der Schichten im Raum zulässt. Hierzu muss die Menge des aus dem abgegebenen Wasser entstehenden Wasserdampfes der durch den Wasserdampf verursachten Volumenreduktion der Gase in der Rauchschicht entsprechen. Das dabei verwendete Strahlbild hängt unmittelbar von der Geometrie des Raumes und der Temperatur der Rauchschicht ab. Bei hohen Temperaturen und in großen Räumen (hoch bzw. tief) wird am sinnvollsten ein schmaler Sprühstrahl angewendet. Dementsprechend wird bei niedrigeren Temperaturen in kleinen Räumen ein breiter Sprühstrahl verwendet. Für dieses Vorgehen erscheint daher ein Winkel des Wasserkegels von 60 bis 75 Grad bei einem Abgabewinkel von 45 Grad bezogen auf den Boden als geeignet. Zur Vereinfachung der Winkelbestimmung kann der Strahlrohrführer mit dem Zentrum des Wasserkegels auf die obere Kante zielen, die von Wand und Decke am dem Trupp gegenüberliegenden Ende des Raumes[25] gebildet wird (Bild 29) [27 bis 29].

---

25 Dies gilt bei durchschnittlich großen Räumen mit einem Volumen von zirka 50 m³, wie sie zum Beispiel in Wohnungen vorhanden sind.

Durch einen offensiven Löschangriff wird erreicht, dass der vorgehende Atemschutztrupp in einer Umgebung arbeiten kann, die während des Vorgehens im Brandraum so sicher wie möglich bleibt. Die Sicherung des Raumes bzw. Brandbekämpfung geschieht durch die Inertisierung und die gleichzeitig erfolgende Kühlung der Rauchschicht. Auf diese Weise wird die Gefahr von Durchzündungen minimiert sowie eine Pyrolyse gestoppt. Darüber hinaus wird verhindert, dass eine Konvektion in der Rauchschicht zu einer Pyrolyse an Stellen, die vom Brandherd weit entfernt liegen, führt.

Begreifen

Wenn alle Baugruppen und Einstellmöglichkeiten des Hohlstrahlrohres bekannt sind, stellt sich die Frage »Welche Einstellungen werden wann aus welchem Grund gewählt?« Diese Frage ist insbesondere deshalb von Bedeutung, da ein Strahlrohr situationsangepasst und dynamisch verwendet werden muss. Als nächstes steht dann das Ausprobieren an, also das (gegebenenfalls erste) Arbeiten mit dem Strahlrohr. Dies kann auf jeder beliebigen Freifläche stattfinden, auf der mit Wasser gearbeitet werden kann. Das Erfahren und Erproben des Strahlrohres be-

Bild 30:
Ertasten von
Einstellungen

ginnt damit, dass jeder Auszubildende selbst das Strahlrohr ausprobiert. Haben die Lernenden ausreichend lange herumprobiert, bilden sie einen Kreis. Jeder (jeweils einzeln nacheinander) muss nun unter Nullsicht Einstellungen des Hohlstrahlrohres ertasten (Bild 30) und laut nennen, die ein anderer vorher eingestellt hat (gegebenenfalls auch ein Ausbilder). Wenn jeder diese Übungsaufgabe mehrfach durchlaufen hat, wird die Aufgabe so verändert, dass derjenige mit der Nullsicht Einstellungen vornehmen muss, die ein anderer ihm vorgibt. Dieses Vorgehen führt dazu, dass der Strahlrohrtyp mit seinem Aufbau und seinen Einstellmöglichkeiten leicht verinnerlicht wird [15].

Wasser zielgerichtet einsetzen!

Die so erworbenen Fähigkeiten werden unmittelbar angewendet. Die Auszubildenden[26] müssen truppweise Bälle, die sich in verschiedenen Entfernungen und Höhen befinden (zum Beispiel auf kleinen Plattformen auf Beleuchtungsstativen [30]), mit einem Wasserimpuls abschießen. Dabei darf nur ein einziger Impuls pro Ball benutzt werden. Das Strahlbild muss möglichst breit aufgefächert sein, bereits vorher gewählt sowie eingestellt werden. Zur Steigerung des Schwierigkeitsgrades kann auch gefordert werden, dass die Aufgabe ohne Blick zum Strahlrohr gelöst wird.

Haben die Lernenden die Handhabung ihres Strahlrohres soweit verinnerlicht, dass sie die Bälle sicher abschießen können, wird die Übung variiert. Ein in einiger Entfernung (in Sichtrichtung) stehender Ausbilder signalisiert den Trupps durch Armbewegungen, in welche Richtungen sie Wasserimpulse abgeben sollen.

Die nächste Lernstufe bildet die Handhabung des Strahlrohres aus der Bewegung heraus. Das Üben wird stufenweise kombiniert mit der Fortbewegung im Seitenkriechgang und weiteren Elementen eines Einsatzes zur Gebäudebrandbekämpfung im Innenangriff (Temperaturcheck und Flash-Over-Reflex). Nachdem auch die Handhabung aus der Bewegung heraus sicher beherrscht wird, kann das Training durch das Tragen eines angeschlossenen Pressluftatmers unter Nullsicht nochmals intensiviert werden [15].

---

26 Die Übung wird aus der Sitzposition des Seitenkriechganges heraus durchgeführt.

8.10 Bist du bereit?

Wie reagieren wir, wenn der Brand, den wir gerade suchen bzw. bekämpfen, uns plötzlich mit einer schnellen Ausbreitung überrascht? Hier ist es sinnvoll, den so genannten Flash-Over-Reflex zu beherrschen. Dieser Reflex ist eine schnelle, situationsangepasste Reaktion auf eine plötzlich auftretende Rauchdurchzündung. Er besteht aus einem In-Deckung-bringen kombiniert mit einer handlungssicheren Abgabe von Wasser. Der Ablauf gestaltet sich wie folgt (Bild 31): Der Trupp fällt durch Einknicken in der Hüfte aus dem Seitenkriechgang zu der Seite hin um, an der die Beine der Atemschutzgeräteträger nicht ausgestreckt sind[27]. Der Trupp liegt anschließend so auf dem Boden, dass jeweils die komplette Körperseite der Truppmitglieder bis zur Schulter den Boden berührt. Während des Fallens oder direkt danach öffnet der Strahlrohrführer das Rohr. In der Lage auf dem Boden gibt der Strahlrohrführer Wasser ab, dabei sollte der verwendete Wasserkegel einen Winkel von mindestens 60 Grad haben. Je nach Situation können mehrere Wasserimpulse angewendet werden oder das Strahlrohr kann mehrere Sekunden geöffnet sein. Der Strahlrohrführer beobachtet den Löscherfolg, um gegebenenfalls weitere Löschwasserimpulse folgen zu lassen [15].

Der Flash-Over-Reflex wird bei einer plötzlichen Durchzündung angewendet, d. h. der Raum, in dem sich der Trupp befindet, steht zum Beispiel unerwartet im Vollbrand oder die Rauchschicht zündet durch. Trifft ein Atemschutztrupp dagegen im Verlauf des Innenangriffs auf einen bereits im Vollbrand stehenden Raum, so kann er die so genannte Haitechnik[28] (Bild 32) benutzen, um den Raum sicher zu kühlen. Der Ablauf der Haitechnik gestaltet sich so, dass der Trupp im Eingang des Raumes sitzen bleibt. Aus dieser Position öffnet der Strahlrohrführer das Hohlstrahlrohr. Das Strahlbild ist maximal aufgefächert und der Wasserkegel so positioniert, dass er mit der oberen Seite die Kante trifft, welche die Raumdecke mit der Wand (in der die Tür ist) bildet. Der Sog des Wasserkegels zieht die Flammen und den Rauch über dem Trupp in den Wasserkegel und entschärft diese Teilsituation. Das Strahlbild wird nun langsam zu-

---

27 Dies ist immer die Seite, auf der die Schlauchleitung mitgeführt wird – in der Regel rechts.

28 Die Haitechnik wird auch »Schwedische Löschmethode« oder international kurz »Up Down« genannt.

Bild 31: Ablauf Flash-Over-Reflex

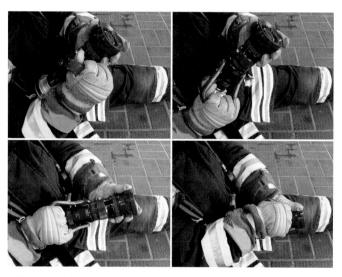

Bild 32: Ablauf Haitechnik (von links oben nach rechts unten: Strahlrohrhaltung vor dem Öffnen, Öffnen des Strahlrohres, Zufächern des Wasserkegels bei gleichzeitigem Senken des Strahlrohres, Schließen des Strahlrohres)

gefächert und dabei der Wasserkegel gesenkt (Winkel zum Boden wird kleiner). Hierbei wird Löschwasser vollflächig an der Decke entlang und infolgedessen fast vollvolumig (dreidimensional über die gesamte Raumtiefe) im Raum verteilt. Das Strahlrohr bleibt dazu – je nach Intensität des Brandes und der Größe des Raumes – bis zu zehn Sekunden lang geöffnet. Das Wasser wird aus kleinen Tropfen heraus verdampft, dadurch wird dem Raum systematisch Energie entzogen. Das Strahlrohr wird geschlossen, sobald der Wasserkegel die gegenüberliegende Wand erreicht hat. Anschließend wird die Situation im Raum beobachtet.

Ja, wie nun?

Wie soll dieses Handeln erlernt werden, wenn hierfür Feuer und Rauch scheinbar unabdingbar sind? Nun, die Systematik ist ohne komplexe Anlage und ohne Feuer erlernbar. Wenn das Handlungsschema verinnerlicht wurde, kann damit begonnen werden, den Reflex anzutrainieren. Das erscheint zunächst abstrakt, funktioniert aber, wie sich anhand von Trainings zeigt. Die Übertragung auf den Einsatz und die dortige Anwendung ist ebenfalls erfolgreich möglich. Die letzte Stufe des Lernens bleibt jedoch das Training in einer Rauchdurchzündungsanlage, um das erlernte Handeln unter Realbedingungen anzuwenden und die Effekte in der Realität zu erleben. Der Großteil kann und muss aber im Vorwege trainiert werden. So kann die rare und zum Teil sehr kostenintensive Trainingszeit in Rauchdurchzündungsanlagen, Brandübungsanlagen, Brandhäusern etc. optimal ausgenutzt werden, da vor Ort keine Grundlagen geübt werden müssen.

Der Flash-Over-Reflex wird den Atemschutzgeräteträgern in einer praktischen Unterweisung von einem Ausbilder erklärt und gezeigt[29]. Im Anschluss üben die Lernenden truppweise: Auf optische Anweisung eines Ausbilders (z. B. Heben beider Arme, Aufleuchten einer Lampe oder Zeigen einer Flammengrafik) hin wird der Flash-Over-Reflex ausgeführt. Der Ablauf wird häufig wiederholt, um ihn zu verinnerlichen und zu automatisieren. Da diese Handlungskombination als Reflex ausgebildet werden soll, der bei einer Rauchdurchzündung

---

29 Diese Lerneinheit sollte nach dem Trainieren (stationär und in Bewegung, jeweils mit und ohne Sicht) des Umgangs mit dem Hohlstrahlrohr erfolgen.

Bild 33: Durchzündungssimulation beim Strahlrohrtraining

ohne bewusste Steuerung abläuft, muss der Handlungsablauf möglichst oft und von Zeit zu Zeit wiederholt geübt werden [15].

Die Haitechnik wird durch eine vergleichbare praktische Unterweisung erlernt. Hierbei wird jedoch auf ein Startzeichen durch die Ausbilder verzichtet, denn die Einsatzkräfte sollen die Technik im Einsatz gezielt und nicht reflexartig anwenden.

Nach dem Training unter freiem Himmel (atmosphärische Bedingungen) wird das Üben unter realitätsnahen Druckverhältnissen fortgesetzt. Dazu wird ein Überdruckbelüfter am hinteren Ende einer Fahrzeugwaschhalle (oder einer anderen gegen Wassereintrag unempfindlichen Halle) positioniert. Er wird so eingestellt, dass er im oberen Drittel der Halle einen leichten Überdruck und im unteren Drittel einen leichten Unterdruck erzeugt. Der übende Trupp bewegt sich nun im Seitenkriechgang frontal auf den Lüfter zu (Bild 33). Das Wasser muss so gegen einen Überdruck im oberen Hallenbereich eingebracht werden. Die herrschende Dynamik ist mit ihren Druckverhältnissen der einer Durchzündung ähnlich [31].

Ein gutes Hilfsmittel zur Verdeutlichung, wie viel Löschmittel (bei der Anwendung von Wasserimpulsen) abgegeben wird, sind Wasserzähler, die beim Strahlrohrtraining in die Schlauch-

Bild 34: Wasserzähler zur Visualisierung der verwendeten Wassermenge

leitung eingebaut werden (Bild 34). Mit ihrer Hilfe können die Übenden leicht erlernen, die Menge des verwendeten Wassers abzuschätzen.

8.11 Dem Feuer ganz nah

Welcher Atemschutzgeräteträger kennt sie nicht, die Frage, die man sich selbst im Einsatz stellt, wenn man an einer geschlossenen Tür angelangt ist: »Was ist wohl hinter dieser Tür?« Sie ist nicht unberechtigt, denn das Öffnen einer Tür zu einem vermuteten Brandraum gehört zu den gefährlichsten Situationen während einer Gebäudebrandbekämpfung im Innenangriff. Durch das Öffnen kann eine stationäre Situation dynamisch werden, sich schlagartig ändern.

Eine Methodik zum Überprüfen von geschlossenen Türen auf erkennbare Brandanzeichen muss ebenso her, wie eine sichere Vorgehensweise zum Öffnen von Türen. Aber wie vermittelt man diese Inhalte?

Ist es hinter dieser Tür?

Grundsätzlich gilt: Die Auszubildenden müssen selbst erfahren, welche Zeichen an einer Tür abgelesen werden können und wie sich eine hochtemperierte Tür anfühlt. Hierzu ist es wichtig, die richtigen Darstellungsmittel mit anregenden Fragen zu verknüpfen. Am besten geeignet sind Darstellungsmittel, mit denen erwärmte Türen durch optische und haptische Reize simuliert werden können. Sie werden am Ende dieses Kapitels vorgestellt.

Mithilfe einer erwärmbaren Übungstür unterstützt der Ausbilder seine Auszubildenden beim Erarbeiten von Möglichkeiten zur Überprüfung einer Tür auf Wärme und bespricht mit ihnen im Anschluss daran den Ablauf eines standardisierten Türchecks. Die wesentlichen zu erarbeitenden Punkte sind:

– Beim Annähern an die zu überprüfende Tür darauf achten, ob Wärmestrahlung fühlbar oder ein Ausgasen der Tür sichtbar ist (Bild 35).
– Bei Kunststofftürklinken darauf achten, ob sie durch Wärmeeinwirkung verformt sind und ob die Verformungen gegebenenfalls alt sind (Achtung: Auch noch nicht verformte Kunststofftürklinken können sehr warm sein!).
– Darauf achten, ob die Tür Verfärbungen durch Wärmeeinwirkung aufweist und ob die Verfärbungen gegebenenfalls alt sind.
– Auf Verwerfungen an der Tür durch Wärmeeinwirkung achten.

Bild 35: Beispiel für eine warme Tür

- Eine geringe Menge Wasser auf den oberen Bereich des Türblatts geben. Bei einer hohen Temperatur der Tür verdampft das Wasser.
- Das Türblatt ohne Handschuh mit dem Handrücken[30] von unten nach oben abtasten[31].
- Den Türdrücker ohne Handschuh mit dem Handrücken betasten (dadurch, dass eine Hälfte des Drückers in den Raum hinter der Tür hineinreicht, leitet er die Temperatur gut nach außen weiter).
- Beachten, dass sich unter Umständen auch hinter kalten Türen gefährliche Situationen verbergen können!

Im Anschluss übt jede auszubildende Einsatzkraft selbst mehrfach den Türcheck. So wird das erarbeitete Vorgehen verinnerlicht. Hierfür kann auf unterschiedliche Weise eine hohe Temperatur der Tür simuliert werden (siehe weiter unten).

Durch die Tür zum Feuer

Wie wird eine hochtemperierte Tür sicher geöffnet, nachdem die Entscheidung gefallen ist, dass sie geöffnet werden muss (zur Entscheidungsfindung siehe [32])? Hier hat sich die so genannte Türprozedur bewährt, die für eine zum Trupp hin öffnende Tür wie folgt strukturiert ist[32]:
- Der Truppführer prüft die Tür auf Wärme. Hat die Tür eine erhöhte Temperatur, so gibt er das Kommando »*Tür heiß!*«. Dies ist das Signal für den Truppmann, dass die Türprozedur durchgeführt wird.
- Der Trupp geht seitlich neben der Tür in Deckung, wobei der Truppführer sich auf der Anschlagseite der Tür befindet.

---

30 Eine Hand kann leichter von einer sehr warmen Oberfläche entfernt werden, wenn sie mit dem Rücken angenähert wurde (Wegziehreflex). Darüber hinaus weisen die Innenseiten der menschlichen Hand im Gegensatz zum Handrücken mehr Hornhaut auf und sind daher in der Regel unempfindlicher gegenüber Wärme.

31 Bei verschiedenen Handschuhtypen oder defekten Handschuhen kommt es vor, dass das Innenfutter beim Ausziehen mit den Fingern herausgezogen wird. Handschuhe mit solchen Erscheinungen müssen ausgetauscht werden.

32 Bei der Türprozedur an Türen, die vom Trupp weg öffnen (Bild 36), ist darauf zu achten, dass sich der Truppführer – abweichend von der Türprozedur an zum Trupp hin öffnenden Türen – auf der Schlossseite der Tür befindet. Der Truppmann befindet sich dementsprechend auf der Anschlagseite der Tür, damit er die Löschwasserimpulse richtig positionieren kann [15].

Bild 36: Positionierung bei der Türprozedur (Tür öffnet in diesem Fall vom Trupp weg)

Er bedient die Tür. Der Truppmann bedient das Hohlstrahlrohr und befindet sich an der Schlossseite der Tür.

– Der Truppmann gibt einen kurzen Wasserimpuls in den Luftraum direkt vor der Tür und sofort im Anschluss daran das Kommando »*Tür auf!*«

– Daraufhin öffnet der Truppführer die Tür zirka einen halben Meter. Dabei muss er darauf achten, dass er sich außerhalb des Aufschlagbereiches der Tür befindet, um (Knie-)Verletzungen zu vermeiden. Um die Tür kontrolliert zu öffnen, kann er z. B. eine Axt verwenden.

– Der Truppmann macht einen Ausfallschritt auf den Raum zu und gibt situationsangepasst mehrere kurze Wasserimpulse in die Rauchschicht unter der Decke (in den Bereich direkt hinter der Tür). Im Anschluss daran gibt er das Kommando »*Tür zu!*«

– Der Truppführer schließt daraufhin sofort die Tür.

– Im Anschluss daran zählt der Truppführer mindestens drei Sekunden laut und sichtbar vor, während der Trupp abwartet[33].

---

33 Nach eigenen Erfahrungen wird häufig zu schnell gezählt. Abhilfe kann unter anderem ein längeres Zählen (bis fünf, ggf. auch in einer anderen Sprache) schaffen.

- Danach gibt der Truppmann das Kommando »*Tür auf!*« und der Truppführer öffnet die Tür.
- Anschließend gibt der Truppmann einen Impuls in die Rauchschicht unter der Decke.
- Nach dem Impuls geht der Trupp schnell und tief am Boden in den Raum vor und positioniert sich dort, um die Rauchschicht zu beobachten.
- Vor dem weiteren Vorgehen kontrolliert der Trupp die Temperatur der Rauchschicht an der Decke des Raumes.

Dieses Vorgehen kann am besten vermittelt werden, indem die Folgen des Öffnens einer Tür (Eintritt von Luftsauerstoff in den Raum, Austritt von Rauch und Wärme aus dem Raum, Störung des Gleichgewichtes im Raum etc.) von den Auszubildenden und dem Ausbilder gemeinsam an einer (Übungs-)Tür diskutiert und anschließend Lösungsmöglichkeiten erarbeitet werden. Der Ausbilder fasst die Lösungsmöglichkeiten zusammen und stellt die Türprozedur vor. Dann zeigt er zusammen mit einem Lernenden die vollständige Prozedur jeweils an einer zu ihnen hin und einer von ihnen weg öffnenden Tür. Danach üben die Auszubildenden truppweise mehrfach die Türprozedur. Dabei übt jeder Atemschutzgeräteträger als Truppmann und als Truppführer, um die Handgriffe beider Positionen zu beherrschen.

Welche Darstellungsmöglichkeiten gibt es?

Übungstür

Zum Üben der Türprozedur kann grundsätzlich jede beliebige Tür verwendet werden. Da die Tür hierbei aber mit Wasser beaufschlagt wird und es auch zu Beschädigungen der Tür kommen kann, haben sich freistehende Übungstüren besonders bewährt (Bild 37). Diese bestehen aus einem Türblatt (z. B. aus dem Baumarkt) und einem verstärkten Türrahmen. Sie sind flexibel zu handhaben und können auf nahezu jeder Freifläche zum Üben aufgestellt werden.

Verschmolzene Kunststofftürklinke

Als sehr gutes Hilfsmittel hat sich eine Kunststofftürklinke erwiesen, die durch Temperatureinwirkung ihre Form verändert hat (Bild 38). Mithilfe einer solchen Türklinke kann sehr gut die Gefährdung, welche beim Anfassen der Klinke für eine Hand ohne Handschuh besteht, verdeutlicht werden.

Bild 37: Beispiel einer Übungstür

Warme Tür

Am realistischsten kann die Türprozedur in einer Realbrand-übungsanlage trainiert werden. Steht eine solche Anlage nicht zur Verfügung, kann ein Türblatt einer (Holz-)Tür innen mit elektrischen Fußbodenheizungsschlängeln ausgelegt werden [33]. Für eine gute Simulation der Realität müssen im oberen Drittel die meisten Windungen verlegt sein. Über das Steuergerät lässt sich die Temperatur variabel einstellen. Auf diese Weise können zahlreiche Situationen nachgestellt werden. Verwerfun-

Bild 38:
Durch Wärme-beaufschlagung und Anfassen verformte Kunststoff-türklinke

gen und Verfärbungen des Lackes lassen sich mit einer solchen Tür allerdings nicht simulieren.

Das Erlernen bzw. Ausführen des Abfühlens von warmen Türblättern mit der Hand führt immer wieder zu Gesprächen und Diskussionen über die dabei zu verwendende Handseite. Zur Verdeutlichung der Empfindsamkeit von Handinnenfläche und Handrücken eignet sich ein einfaches Experiment: Auf einer – im Idealfall karierten – Unterlage steht ein Becher oder Topf mit kochendem Wasser. An diesen Behälter nähern die Lernenden mit geschlossenen Augen langsam und nacheinander von der Seite her ihre Handinnenfläche und ihren Handrücken vorsichtig an. An dem Punkt, an dem die erhöhte Temperatur, die das Gefäß ausstrahlt, jeweils gefühlt wird, kann anhand des karierten Untergrundes der Abstand abgelesen werden. Alternativ kann natürlich auch ein Gliedermaßstab verwendet werden. Nach dem zweiten Annähern der Hand liegen zwei individuelle Abstände je Einsatzkraft vor und können miteinander verglichen werden.

Warmes Blech

Falls keine Übungstür zur Verfügung steht, kann auch ein Quadratmeter Blech senkrecht aufgestellt und mit einem Gasbrenner im oberen Bereich erwärmt werden. Anhand dieses Bleches lässt sich das Abfühlen oder Beaufschlagen eines Türblattes mit Wasser gut üben, da die Lernenden einen realen Eindruck von der Wärme und vom Verdampfen des Wassers bekommen. Zusätzlich zeigen sich an dem Blech auch Verwerfungen und Verfärbungen des Lackes.

Vorgabe von Informationen

Grundsätzlich ist es auch möglich, dass Ausbilder oder Schilder (Temperaturen, Wartezeiten etc.) den Lernenden sagen, was sie fühlen/sehen/bemerken/ausführen sollen. Eine kalte Tür abzufühlen und von einem Ausbilder gesagt zu bekommen, sie sei warm, hat jedoch nicht den gewünschten Lerneffekt. Hierbei verhält es sich ebenso wie bei an Türen geklebten Schildern mit der Aufschrift: »Tür ist heiß!« (Bild 39): Der Übende bekommt eine Information von außen. Er führt in der Folge lediglich Tätigkeiten aus, anstatt selbstständig situationsgemäß zu entscheiden, ob und welche Tätigkeit erforderlich ist. Auch in der Einsatzrealität ist kein Ausbilder oder Schild da, der oder das

Bild 39: Informationsschild an einer Tür

Bild 40: Grafik an einer Tür

Informationen an die Einsatzkraft steuert. Vielmehr soll der Lernende im Training wie im Einsatz das Gefühl in seiner Hand mit seinen visuellen Eindrücken von der Tür in Verbindung bringen und beides gemeinsam zur Informationsgewinnung interpretieren.

Besteht keine andere Möglichkeit, als Schilder zu verwenden, so muss auf diesen ein Foto der jeweiligen Örtlichkeit (z. B. einer Tür) zu sehen sein, in das das gewünschte Szenario hineinretuschiert ist (z. B. austretender Rauch oder ein Abbrand in der oberen Hälfte, siehe Bild 40). Nur so können die Auszubildenden die Situation wie im Einsatz erfassen und bewerten (optischer Reiz). Dementsprechend werden mit diesen Schildern die richtigen Regionen im Gehirn der Auszubildenden angesprochen.

8.12 Back to the roots?

Der aus Köln stammende Berliner Branddirektor Giersberg stellte bereits im Jahr 1901 das erste Sauerstoff-Behälter-Atemsystem vor, den so genannten »Sauerstoff-Rettungsapparat«. Die Funktionsweise entsprach den heutigen Regenerations- und Kreislaufgeräten. Die Verwendung von Kreislauf-Atemschutzgeräten bei Feuerwehren ist demnach nicht neu. Neu ist jedoch eine auf deren Einsatz abgestimmte Ausbildung.

Beschränkte sich damals die Ausbildung auf eine allgemeine Gerätekunde und eine Trageübung, gehen heutige Ausbildungskonzepte weiter. Aufbauend auf einer Atemschutzgrundausbildung für Tätigkeiten unter einem Atemanschluss mit Filter und das Tragen von Pressluftatemschutzgeräten ist die Ausbildung zum Tragen eines Kreislaufgerätes ein weiterer Ausbildungsschritt. Das Vorwissen und die Erfahrungen, die mit dem Tragen von Pressluftatmern gesammelt wurden, sind Fluch und Segen gleichermaßen. Ein Segen, da die Benutzung von Isoliergeräten bereits bekannt ist und die allgemeinen Grundlagen im Atemschutzeinsatz als Vorwissen vorhanden sind. Ein Fluch, weil sich die Arbeitsweisen und auch das »Einatemmilieu« vom Pressluftatmer stark unterscheiden. Diese Unterschiede gilt es während der Ausbildung zum Kreislaufgeräteträger herauszuarbeiten.

Aus der FwDV 7 »Atemschutz« und der FwDV 2 »Ausbildung der Freiwilligen Feuerwehren« gehen keine Hinweise zur Ausbildung von Kreislauf-Atemschutzgeräteträgern hervor. In der FwDV 7 wird lediglich vermerkt, dass die Ausbildungshinweise nur für Pressluftatmer zur Anwendung kommen. Somit muss für die Ausbildung von Kreislauf-Atemschutzgeräteträgern eine eigene Ausbildungsrichtlinie erarbeitet werden. Damit bietet sich die Gelegenheit, für das zukünftige Aufgabenfeld eines Kreislaufgeräteträgers eine angepasste Ausbildung zu konzipieren.

Die Aufgabenfelder für Kreislaufgeräte sind vielfältig. So finden Kreislaufgeräte nicht nur beim Einsatz von Grubenwehren in Bergwerken Anwendung, sondern allgemein in Anlagen mit langen Angriffs- und Fluchtwegen. Die Länge der Wege dieser baulichen Anlagen überschreitet dabei deutlich die zeitlichen Gebrauchsobergrenzen von Pressluftatmern. Unter Berücksichtigung einer notwendigen 100-Prozent-Reserve (in Anlehnung an die 1/3-2/3-Regelung, wonach für den Rückmarsch der doppelte Druck vorgehalten wird, wie für den Anmarsch verbraucht wurde) ergibt sich für den Einsatz eines Pressluftatmers mit einer 6,8-Liter-Composite-Flasche und einem Anfangsdruck von 300 bar eine ungefähre Anmarschzeit von lediglich 10 Minuten (bei einem durchschnittlichen Atemluftverbrauch von 60 Liter pro Minute). Eine Anmarschzeit von 20 Minuten kann erreicht werden, wenn zwei 6,8-Liter-Composite-Flaschen als so genanntes Twinpack genutzt werden. Anmarschzeiten, die über diese 20 Minuten hinausgehen, sind mit den bei deutschen Feuerwehren vorhandenen Pressluftatmern grundsätzlich nicht zu erreichen. Hier setzt die Technik eine Obergrenze.

Somit werden Kreislauf-Atemschutzgeräte dann eingesetzt, wenn für eine Einsatzlage eine längere Verweildauer unter Atemschutz notwendig ist und Pressluft-Atemschutzgeräte zur Erfüllung des Einsatzauftrages nicht mehr ausreichen.

Einsatzkräfte, die unter Kreislauf-Atemschutzgeräten eingesetzt werden, müssen die Ausbildung zum Atemschutzgeräteträger erfolgreich absolviert haben. Die Fortbildung zum Kreislaufgeräteträger zielt darauf ab, dass der Atemschutzgeräteträger den Aufbau und das Funktionsprinzip eines Kreislaufgerätes versteht. Dieses Wissen kann im Rahmen einer obligatorischen Produkteinweisung vermittelt werden. Jedoch ist die technische Einweisung nur ein kleiner Teil der Fortbildung. Weitaus mehr Raum sollte die Vermittlung der Besonderheiten eines mehrstündigen Atemschutzeinsatzes einnehmen. Denn in diesem Bereich gilt es umzudenken.

Bereits bei der Entwicklung des Ausbildungskonzeptes gilt es zu berücksichtigen, dass die beim Einsatz von Pressluftatmern gewohnte Vorgehensweise bei der Verwendung von Kreislaufgeräten nicht angewendet werden kann. Ein einfacher Vergleich kann dabei helfen, die Besonderheiten eines Kreislaufgeräteeinsatzes zu verdeutlichen: Vergleicht man die Belastung bei Atemschutzeinsätzen mit der Belastung im Laufsport, so wäre ein Pressluftatmereinsatz vergleichbar mit einem 400-Meter-Sprint. Der Kreislaufgeräteeinsatz wäre hingegen im übertragenen Sinne der Halbmarathon. Deshalb gilt es beim Kreislaufgeräteeinsatz die persönlichen Leistungsressourcen so einzuteilen, dass auch ein mehrstündiger Einsatz erfolgreich absolviert werden kann. Dies gelingt in der Regel dadurch, indem das Arbeitstempo stark reduziert wird. Da das Einsatzgeschehen jedoch einen starken Einfluss auf unsere Arbeitsweise ausübt, sind in der Ausbildung auch kurzzeitige Belastungsspitzen zu berücksichtigen. Dem Atemschutzgeräteträger muss verdeutlicht werden, dass nach Höchstbelastungen zwingend eine Regenerationszeit notwendig ist, um den weiteren Einsatz unter Atemschutz und den gegebenenfalls langen Rückmarsch erfolgreich zu bewältigen.

Natürlich ist klar, dass in einer notwendigen Pause des Geräteträgers auch die Arbeit ruht. Dies ist im Einsatz jedoch meist nicht möglich und in der Gedankenwelt eines Feuerwehrangehörigen auch nur schwer vorstellbar. Die Lösung dieses Problems kann folgendermaßen aussehen: Statt nur einen Trupp mit zwei Funktionen einzusetzen, geht grundsätzlich ein Doppeltrupp zur Auftragserfüllung vor.

Ziel der Doppeltrupp-Taktik ist es, dass die beiden Trupps sich gegenseitig unterstützen und die Arbeitsbelastung untereinander aufteilen. Bei der Planung der Arbeitsaufgaben ist es anzustreben, dass jeweils ein Trupp arbeitet, während dem zweiten Trupp die Möglichkeit gegeben wird, sich von der Arbeitsbelastung zu erholen. Diese streng arbeitsteilige Taktik (so genanntes »bergmännisches Arbeiten«) ist im Training und bei Einsatzübungen zu berücksichtigen und stets zu wiederholen. Diese Vorgehensweise wird für viele Atemschutzgeräteträger gewöhnungsbedürftig sein. Deshalb ist es hilfreich, wenn der Doppeltrupp und die damit einhergehende Taktik in der Ausbildung einen besonderen Stellenwert erhalten. Zur Taktik gehört auch die Abstimmung der Kommunikation und der Hierarchie innerhalb des Doppeltrupps. Vor dem Einsatzbeginn ist ein Doppeltrupp-Führer festzulegen. Analog zum »einfachen« Trupp ist der Doppeltrupp eine taktische Einheit und betritt bzw. verlässt grundsätzlich geschlossen die Einsatzstelle. Folglich ist besonders auf das geschlossene Vorgehen zu achten, damit in schwierigen und unübersichtlichen Einsatzlagen der Kontakt untereinander bestehen bleibt. Nach Möglichkeit sollte jedes Truppmitglied mit einem Funkgerät ausgestattet sein, mindestens jedoch jeder Truppführer.

Ein weiterer Schwerpunkt bei der Ausbildung sollte auf die physischen und psychischen Belastungen gelegt werden. Denn auch hier betritt der Atemschutzgeräteträger Neuland. Dabei sind nicht nur das veränderte Tragegewicht und die erhöhte Tragezeit zu berücksichtigen. Auch die Einsatzlagen (z. B. Massenanfall von Verletzten in einer Tunnelröhre), die äußeren klimatischen Bedingungen (Sommer/Winter) und vor allem die Schutzkleidung (siehe auch Kapitel 4.1 und 8.3) üben einen großen Einfluss auf den Atemschutzgeräteträger aus.

Um der erhöhten Belastung gerecht zu werden, ist der gesundheitliche Zustand des Atemschutzgeräteträgers natürlich ein zentrales Thema. Hier gilt – wie bei allen Atemschutzeinsätzen – je fitter desto besser. Aber auch gut trainierte Atemschutzgeräteträger können an Grenzen stoßen. Eine gute gesundheitliche Konstitution hilft dabei, eine schlechte Tagesform (z. B. starke berufliche Belastung) oder eine leichte Dehydration durch zu geringe Flüssigkeitsaufnahme oder starkes Schwitzen kurzzeitig zu kompensieren. Durch die längere Dauer eines Kreislaufgeräteeinsatzes wird der Kompensationsgrad jedoch schnell überschritten, denn Atemschutzeinsätze über einen längeren Zeitraum können die Temperaturregulation im Körper des Atemschutzgeräteträgers erheblich stören und eine notwendige Flüssigkeitszufuhr unterbinden. Für diesen Umstand sorgt die verwendete Gerätetechnik selbst. Anders als bei einem Pressluftatmer, bei dem die Einatemtemperatur mit steigendem Atemminutenvolumen sinkt, erhöht sich diese beim Kreislaufgerät technisch bedingt. Dabei kann die Einatemtemperatur bis auf 45 °C steigen. Kreislaufgeräteträger vergleichen dieses Einatemluftmilieu mit dem Atmen in der Wüste in der Mittagssonne – eine sehr warme und trockene Luft, die den Geräteträger von innen erwärmt und gleichzeitig dem Körper Feuchtigkeit entzieht.

Um zu verdeutlichen, welche körperlichen Belastungen bei einem Kreislaufgeräteeinsatz auftreten, können Übungen unter Kreislaufgeräten biometrisch begleitet werden. Hierbei wurde bei eigenen Übungen eine Temperaturdifferenz von ca. 2 °C gemessen. Zur Aufrechterhaltung aller Lebensvorgänge benötigt der Körper eine relativ gleichbleibende Körpertemperatur von 36,5 bis 37 °C. Wird die Körpertemperatur unverhältnismäßig erhöht, steigt das Risiko einer Überhitzung. Die Ursachen sind häufig starke physische Aktivität (Arbeitsbelastung), fehlende Umgebungsventilation (Tragen eines isolierenden Schutzanzuges) oder Versagen der Schweißproduktion aufgrund mangelnden Flüssigkeits- und Elektrolytersatzes. Aber auch Vorerkrankungen des Herz-Kreislaufsystems, übermäßiger Alkoholgenuss, Fettleibigkeit und Infektionen begünstigen ein Überhitzen des Körpers. Die Symptome einer Überhitzung sind vielfältig: Kopfschmerzen, Einschränkungen des Sichtfeldes oder gefühlter »kalter Schauer« über den Rücken können erste Zeichen sein. Blasenschwäche, Krämpfe, Nackensteifigkeit, Schwindel, Apathie oder Verwirrtheit stellen die schwereren Anzeichen einer Überhitzung des Körpers dar.

Aufgrund dieser Risiken ist es wichtig, bereits während der Ausbildung Übungen durchzuführen, die den Geräteträger auf die thermische Belastung vorbereiten. Bei »warmen« Übungen, zum Beispiel in einem Brandhaus, erhöht sich die Körpertemperatur deutlich. Das Diagramm in Bild 41 zeigt ein typisches Belastungsprofil eines Atemschutzgeräteträgers über einen Zeitraum von zwei Stunden. Die Belastungsübung wurde an Geräten in einer Atemschutzübungsstrecke im Wechsel mit Übungen im Brandcontainer durchgeführt. Während der Belastung stieg die Körpertemperatur deutlich an. Deren Messung ist über das Ohr des Atemschutzgeräteträgers möglich.

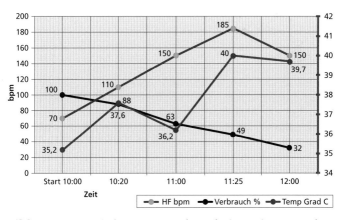

Bild 41: Biometrische Werte während eines Einsatzes über zwei Stunden

Neben der physischen Verfassung eines Atemschutzgeräteträgers ist auch dessen psychische Konstitution von besonderer Bedeutung. Da Konzentration und Leistungsfähigkeit in einer Abhängigkeit zueinander stehen, sind jeweils Rückschlüsse möglich. Ein Atemschutzgeräteträger, der bis an seine körperliche Leistungsgrenze belastet wurde, wird zwangsläufig auch in der geistigen Leistung (Konzentration, Entschlussfindung) Defizite aufweisen. So können Konzentrationsübungen während des Trainings bei der Bewertung des Belastungszustandes helfen. Der Übende lernt für sich einzuschätzen, wann und wie seine Handlungs- und Leistungsfähigkeit nachlässt.

Zur Bewertung der geistigen Leistungsfähigkeit dienen einfache Rechenübungen oder logische Aufgabestellungen (z. B. mathematische Reihen). Der Schwierigkeitsgrad ist so zu wählen, dass eine Lösung in belastungsfreiem Zustand ohne Probleme möglich ist. Die Aufgaben sollten variieren, um einen Trainingseffekt zu vermeiden, jedoch im Schwierigkeitsgrad konstant bleiben. Die Lösungszeiten vor der Belastung dienen als Referenzwert für die folgenden Übungen unter Belastung. Bei abnehmender Leistungsfähigkeit sollten sich die Lösungszeiten verlängern. Zusätzlich können feinmotorische Aufgaben in die Übungen integriert werden. Fahrige Bewegungen oder ein Zittern der Hände geben Rückschlüsse auf den Belastungsgrad des Atemschutzgeräteträgers. Als Zeitpunkt für die Aufgabenstellungen bieten sich die Erholungspausen an.

Die Ausbildung zum Kreislaufgeräteträger ist trotz des Vorwissens des Atemschutzgeräteträgers (und auch teilweise gerade deswegen) sehr komplex und aufwendig. Es gilt die technischen und taktischen Abweichungen zu integrieren sowie einen Schwerpunkt auf die Gewöhnung an das Kreislaufgerät zu legen. Hier reicht es in der Regel nicht aus, lediglich eine Trageübung zu absolvieren. Vielmehr gilt es, die möglichen Belastungen darzustellen, um das allgemeine Ausbildungsziel zu erreichen. Die Ausbildung muss den Geräteträger befähigen, das Kreislaufgerät zu tragen. Hierzu gehört auch die Aufrechterhaltung der Handlungsfähigkeit in Extrem- und Gefahrensituationen. Dieses Ausbildungsziel ist über mehrere Wege zu erreichen. Im Folgenden wird beispielhaft ein möglicher Ausbildungsablauf skizziert.

Am Anfang der Ausbildung steht die Einweisung in das Kreislaufgerät (Unterweisung). Hier werden die Gerätetechnik erklärt und die Unterschiede zum Pressluftatmer dargestellt. Dem zukünftigen Anwender wird die Startprozedur vorgeführt und wann immer möglich, wird dies durch den Übenden praktisch wiederholt. Alle einsatzrelevanten Bedien- und Informationsbauteile sollten zum Abschluss der Ausbildung blind beherrscht und mit Feuerwehr-Schutzhandschuhen bedient werden können. Eine hohe Anwendungssicherheit ermöglicht es dem Kreislaufgeräteträger, sich weniger auf das Gerät und mehr auf sich selbst und den Einsatzauftrag zu konzentrieren. Eine ausreichende Anzahl an Trainingsgeräten ist die Voraussetzung, dass alle Übenden sich hinreichend mit der neuen Technologie vertraut machen können. Im Rahmen der Einweisung sollte genügend Zeit für Fragen und praktische Wiederholungen eingeplant werden.

Im Anschluss an die Geräteeinweisung folgen die ersten Trageübungen. In dieser Phase steht noch keine Belastung an. Der Anwender soll sein Kreislaufgerät sicher auf- und absetzen können und seinen Einsatz penibel vorbereiten. Der Tragekomfort spielt hier eine wichtige Rolle, denn zukünftig müssen das Kreislaufgerät und der Atemanschluss ohne Unterbrechung gegebenenfalls mehrere Stunden getragen werden. Reibende Textilfalten unter der Bebänderung oder rutschende Socken in den Feuerwehr-Stiefeln können zur Tortur werden. Ein falsch oder zu fest angezogener Atemanschluss kann zum Abbruch des Atemschutzeinsatzes führen. In diesem Zusammenhang ist auch auf Verspannungsschmerzen hinzuweisen. Diese entstehen dadurch, dass ein ungewohnt schweres Atemschutzgerät über einen längeren Zeitraum Muskelpartien im Schulter-, Nacken- und Rückenbereich belastet. Durch Muskelentspannungsübungen, wie die gezielte Anspannung des Gegenmuskels (Antagonisten), oder durch Veränderung der Körperhaltung (speziell in Arbeitspausen) können diese Symptome gemindert werden.

Nach den ersten Trageübungen folgt die erste Gewöhnungsübung, das erste Beatmen des Gerätes. Wem zuvor nur die Normaldrucktechnik aus dem Pressluftatmerbereich bekannt war, hat jetzt sein erstes »Aha-Erlebnis«, da beim Kreislaufgerät nahezu ohne Widerstand ein- und ausgeatmet werden kann. Um sich an eine längere Tragedauer heranzutasten, sollte die erste Gewöhnungsübung etwas länger dauern als die gewöhnliche Tragezeit eines Pressluftatmers. Bereits bei der zweiten Gewöhnungsübung kann die Belastung und auch die Tragedauer weiter erhöht werden. Außerdem sollten nun taktische und für den Kreislaufgeräteeinsatz typische Elemente integriert werden. Dazu zählen das arbeitsteilige Arbeiten im Doppeltrupp und die Integration von Arbeitspausen. In der Regel treten ab einer

Tragedauer von 60 Minuten die ersten körperlichen Erschöpfungsanzeichen bei den Geräteträgern auf. Oftmals ist eine Regeneration unter Atemschutz ab diesem Zeitpunkt nicht mehr möglich. Der Körper überhitzt zunehmend und die Herzfrequenz bleibt auf einem hohen Niveau. Die Bewusstseinslage verändert sich. Eine gewisse Gleichgültigkeit gegen sich selbst und gegen den Einsatzauftrag stellt sich ein. Deshalb sind individuelle Pausenzeiten von besonderer Bedeutung.

Übungen mit Kreislaufgeräten ohne Pausenzeiten führen oft dazu, dass diese durch den Geräteträger aufgrund totaler körperlicher Erschöpfung abgebrochen werden. Das Wissen um diesen Umstand ist allerdings nur schwer zu vermitteln. Deshalb ist es besser, wenn der Geräteträger diese Erfahrung während einer kontrollierten und biometrisch überwachten Übung selbst macht. Es macht also durchaus Sinn, eine Übung unter kontrollierten Bedingungen (Herzfrequenz- und Blutdruckkontrolle, Körpertemperaturmessung und Bewusstseinsüberprüfungen) anzubieten, bei der bewusst auf ein arbeitsteiliges Vorgehen verzichtet wird und präventive Pausen nicht vorgesehen sind.

Eine Beispielübung dafür ist die so genannte Sandsackübung. Hier gilt es, im Doppeltrupp eine Sandsackbarriere zu beseitigen, um anschließend den Vormarsch gemeinsam fortsetzen zu können. Bei dieser Übung wird es den Übenden freigestellt, wie die Barriere beseitigt wird. Intuitiv entscheiden sich die Übenden meist für eine Sandsackkette unter Mitwirkung aller Geräteträger. Die Sandsackbarriere kann so innerhalb einer kurzen Zeitspanne beseitigt werden. Danach wird der Vormarsch fortgesetzt, muss aber oft kurze Zeit später abgebrochen werden, da sich die Atemschutzgeräteträger körperlich maximal erschöpft haben. Nach einer ausreichenden Ruhephase wird die Taktik zur Entfernung der Sandsackbarriere verändert. Bei einer zweiten Übung wird den Geräteträgern vorgegeben, die Barriere arbeitsteilig zu beseitigen (ein Trupp arbeitet, ein Trupp pausiert). Zwar dauert der Arbeitsprozess dann deutlich länger, dafür kann der Vormarsch fortgesetzt und die Übung erfolgreich und gemeinsam beendet werden. Diese Erfahrung ist durch kein Diagramm, keine erklärenden Texte oder beschreibende Worte zu vermitteln. Dieses »Fehlertraining« ist zwar unorthodox, aber selbsterklärend und nachhaltig.

Bei einer dritten Gewöhnungsübung wird das Ziel verfolgt, die Erfahrungen und Eindrücke sowie die Taktik in eine finale Übung zu integrieren. Diese sollte sich zeitlich an der zuvor festgelegten Maximaltragezeit und taktisch am zukünftigen Aufgabenbereich des Kreislaufgeräteträgers orientieren. Im Rahmen der Fürsorgepflicht sind solche Übungen grundsätzlich biometrisch zu überwachen, eine rettungsdienstliche Erstversorgung und eine stete Betreuung ist obligatorisch.

Nach Abschluss der beschriebenen Übungen sollten die notwendige Handlungssicherheit und Sensibilität vorhanden sein. Der nächste Ausbildungsschritt ist das Üben in einer aufgeheizten Umgebung. Dieser Ausbildungsabschnitt ist sinnvoll, wenn die Kreislaufgeräte z. B. bei einem Brand in einer unterirdischen Anlage eingesetzt werden sollen.

Eine Übung der Berliner Feuerwehr im Jahr 2013 zeigte deutlich auf, dass der Einsatz von Kreislaufgeräten bei der Brandbekämpfung eine große Belastung für den Atemschutzgeräteträger darstellt. Die Einsatzübung wurde u. a. in einer holzbefeuerten Brandübungsanlage durchgeführt und war so konzipiert, dass der Kreislaufgeräteträger über einen Zeitraum von ca. zwei Stunden bei steigenden Umgebungstemperaturen einen Wechsel aus Belastungs- und Erholungsphasen erfährt. Der Übungsablauf orientierte sich an einem Brandbekämpfungsszenario mit einer langen An- und Rückmarschphase. Um reproduzierbare Belastungsbedingungen zu schaffen, wurde die Übung in Kombination mit einer mobilen Atemschutzübungsstrecke durchgeführt. Aufgrund der biometrischen Überwachung konnte beobachtet werden, dass die Körpertemperaturen mit zunehmender Einsatzdauer bis in fiebrige Bereiche stiegen und während der Übung nicht signifikant reduziert werden konnten. Die Wärmeeinwirkung von außen hielt sich dabei mit ca. 120 °C (Messpunkt am Feuerwehr-Schutzhelm, siehe Bild 42) und einer Einwirkdauer von etwa zehn Minuten während der Brandbekämpfung in Grenzen. Die Herzfrequenzen überstiegen zeitweilig die festgesetzte Grenze der Weltgesundheitsorganisation (WHO), eine so genannte »Cool-down-Phase« stellte sich nicht mehr ein. Die Probanden konnten ihre Herzfrequenz nicht mehr deutlich nach unten korrigieren. Besonders in der Brandbekämpfungsphase mit anschließender Personenrettung wurde die maximale körperliche Belastung erreicht und teilweise auch überschritten. Nach der zweistündigen Belastung unter Atemschutz zeigten die Probanden (auch noch bis zu vier Tage später) Anzeichen einer körperlichen Belastung.

Diese Beobachtungen verdeutlichen, dass Atemschutzeinsätze mit Kreislaufgeräten in Kombination mit einer Brandbekämpfung und/oder Personenrettung ein intensives Training verlangen. Aufgrund der hohen körperlichen Belastung ist es durchaus denkbar, dass nicht jeder Atemschutzgeräteträger solche Einsätze absolvieren kann, ohne sich und damit auch andere in Gefahr zu bringen.

Sollte während eines Kreislaufgeräteeinsatzes eine Atemschutznotfalllage eintreten, ist die Rettung des Atemschutzgeräteträgers nicht nur aufgrund der großen Eindringtiefen und den dementsprechend langen Rettungswegen eine besondere Herausforderung. Gemäß FwDV 7 soll für jeden eingesetzten Atemschutztrupp ein Sicherheitstrupp bereitstehen. Dieser soll sich so platzieren, dass die Zugriffszeit zum zu schützenden Trupp minimal ist. Die Zugriffszeit kann, ausgehend von einem Zwei-Stunden-Einsatz, jedoch bis zu 40 Minuten betragen. Dies ist für eine erfolgreiche Rettung aus dem Gefahrenbereich zu lang. Deshalb ist es notwendig, dass der vorgehende Kreislaufgeräteträgertrupp seine Rettungsmittel selbst mitführt, um die Zeitspanne bis zum Eintreffen des Sicherheitstrupps zu überbrücken. Durch die Mitnahme eines Reserve-Kreislaufgerätes oder eines gesonderten Sauerstoffselbstretters können verunfallte Kreislaufgeräteträger mit Atemluft versorgt werden. Eine weitere Möglichkeit wäre das Mitführen eines Rettungssets auf der Basis eines Pressluftatmers mit Atemanschluss.

Bild 42: Temperatur-messung am Feuerwehr-Schutzhelm

9 Fertig!

In diesem Kapitel wird anhand einiger Fallbeispiele die Umsetzung der vorgestellten Trainingsphilosophie veranschaulicht. Die Beispiele sind jeweils mit Thema, benötigtem Material, Lernziel, Lerninhalten und Ablauf angegeben. Zur Abschätzung des zu erwartenden Zeitaufwandes wird zusätzlich ein Zeitrahmen angegeben. Diese Angabe dient lediglich als Planungshilfsmittel, maßgebend ist und bleibt das Erreichen des Lernzieles.

9.1 Fortbewegung

Material

Eine ebene Fläche, ein Steckleiterteil, ein Pressluftatmer je Auszubildendem und Ausbilder.

Lernziel

Die Einsatzkraft kann die Lage ihres Körperschwerpunktes während des Tragens eines Pressluftatmers einschätzen und die Vorteile einer situationsangepassten Fortbewegung mit einem vorgeschobenen ausgestreckten Bein gegenüber dem Fortbewegen »auf allen Vieren« erklären.

Lerninhalte

–   Größe der Abtastradien im Hundegang und im Seitenkriechgang,
–   Lage des Körperschwerpunktes im Hundegang und im Seitenkriechgang,
–   Lage des Sichtfeldes im Hundegang und im Seitenkriechgang,
–   Anzahl der zur Fortbewegung benötigten Gliedmaße im Hundegang und im Seitenkriechgang,
–   Fortbewegung im Seitenkriechgang.

Zeitrahmen

Zirka 20 Minuten bei sechs Auszubildenden und einem Ausbilder.

Ablauf

Die Ausbildung beginnt damit, dass sich die Atemschutzgeräteträger mit geschulterten Pressluftatmern nebeneinander in einer Reihe im Hundegang (auf allen Vieren) hinknien. Ein Ausbilder stellt sich im Abstand von zirka einem halben Meter nacheinander vor jeden Atemschutzgeräteträger. Dieser versucht dann aus seiner Körperstellung heraus, soweit am Ausbilder hochzusehen, wie möglich und geforderte Dinge zu beschreiben (z. B. die Anzahl gezeigter Finger oder geschlossener Augen des Ausbilders). Danach lässt der Ausbilder die Atemschutzgeräteträger zur Verdeutlichung ihrer Abtastradien und deren Einfluss auf die Entfernung von Absturzbereichen einzeln im Hundegang mit geschlossenen Augen an den Holm eines Steckleiterteils heran kriechen. Das Steckleiterteil symbolisiert ein Loch im Boden oder den Beginn einer Treppe nach unten. In dem Moment, in dem sie das Hindernis ertasten, sollen die Lernenden darauf achten, wie weit sich ihr Oberkörper mitsamt Pressluftatmer (Gesamtschwerpunkt) vom Hindernis entfernt befindet.

Im Anschluss an diese beiden Übungen kniet der Ausbilder sich mit einem Pressluftatmer auf dem Rücken »auf allen Vieren« vor die Auszubildenden und diskutiert mit ihnen die Eigenschaften des Kriechens im Hundegang:
– Der Abtastradius beträgt eine Armlänge (zirka 0,4 Meter).
– Der Gesamtschwerpunkt aus Körper und Pressluftatmer liegt sehr weit vorne.
– Der Hundegang hat anatomisch bedingt einen Blick auf den Boden zur Folge.
– Beide Arme sowie beide Beine werden zum Fortbewegen benötigt.

Der Ausbilder versucht anschließend mit den Auszubildenden Lösungen für die sich aus den Eigenschaften ableitenden Probleme zu erarbeiten. Haben die lernenden Atemschutzgeräteträger Lösungsmöglichkeiten gefunden, begibt sich der Ausbilder für alle gut sichtbar in eine fast aufrechte Sitzposition mit einem ausgestreckten Bein (oft Seitenkriechgang oder auch Krabbengang genannt). Anhand seines Beispiels werden gemeinsam die Unterschiede zwischen den beiden Fortbewegungsmethoden diskutiert. Die Methode mit ausgestrecktem Bein bietet folgende Eigenschaften:

- Der Absuchradius beträgt eine Beinlänge (zirka ein Meter).
- Der Schwerpunkt liegt hinter dem Körper und damit sehr weit hinten.
- Der Seitenkriechgang hat anatomisch bedingt einen Blick in den Raum zur Folge.
- Für die Fortbewegung mit einem vorgeschobenen Bein werden beide Beine und ein Arm benötigt, damit bleibt ein Arm frei.

Nach dem Vergleich der Fortbewegungsmöglichkeiten zeigt der Ausbilder das Fortbewegen mit einem vorgestreckten Bein. Er erklärt dabei, dass eine Schlauchleitung immer auf der Seite mitgeführt wird, auf der die Beine der Truppangehörigen nicht ausgestreckt sind. Im Anschluss daran üben die Auszubildenden den Seitenkriechgang eigenständig.

Zur Verdeutlichung der Abtastradien im Seitenkriechgang lässt der Ausbilder die Atemschutzgeräteträger mit dieser Fortbewegungsmethode nochmals einzeln mit geschlossenen Augen an ein Steckleiterteil heran kriechen. In dem Moment, in dem sie das Hindernis ertasten, sollen sie erneut darauf achten, wie weit sich ihr Oberkörper mitsamt Pressluftatmer (Gesamtschwerpunkt) vom Hindernis entfernt befindet.

9.2 Türcheck

Material

Eine (Übungs-)Tür, eine C-Schlauchleitung mit einem Hohlstrahlrohr, gegebenenfalls ein Quadratmeter Blech sowie ein Gasbrenner.

Lernziel

Die Einsatzkraft kann den Türcheck erklären und selbstständig richtig durchführen.

Lerninhalte

– Gründe für den Türcheck,
– Ablauf des Türchecks,
– Durchführen des Türchecks,
– Risiken und mögliche Fehler beim Türcheck.

Zeitrahmen

Zirka 30 Minuten bei sechs Auszubildenden und einem Ausbilder.

Ablauf

Der Ausbilder unterstützt die Lernenden, die Möglichkeiten zur Überprüfung einer Tür auf Wärme zu erarbeiten. Er stellt die Frage »*Wie kann man vor dem Öffnen einer Tür erkennen, ob sich dahinter ein Brandraum befindet?*«. Im Anschluss bespricht er mit ihnen den Ablauf eines standardisierten Türchecks und führt an einer Tür parallel die einzelnen Handgriffe aus:

– Beim Annähern an die zu überprüfende Tür darauf achten, ob Wärmestrahlung fühlbar oder ein Ausgasen der Tür sichtbar ist.
– Bei Kunststofftürklinken darauf achten, ob sie durch Wärmeeinwirkung verformt sind und ob die Verformungen gegebenenfalls alt sind.
– Darauf achten, ob die Tür Verfärbungen durch Wärmeeinwirkung aufweist und ob die Verfärbungen gegebenenfalls alt sind.
– Auf Verwerfungen an der Tür durch Wärmeeinwirkung achten.
– Eine geringe Menge Wasser auf den oberen Bereich des Türblattes geben. Bei einer hohen Temperatur der Tür verdampft das Wasser.
– Das Türblatt ohne Handschuh mit dem Handrücken von unten nach oben abtasten.
– Den Türdrücker ohne Handschuh mit dem Handrücken betasten.
– Beachten, dass sich unter Umständen auch hinter kalten Türen gefährliche Situationen verbergen können!

> **Merke:**
> Grundsätzlich darf eine Hand nur langsam einer zu kontrollierenden Tür angenähert werden, da Wärme nicht immer aus der Entfernung erkennbar ist. Insbesondere erwärmte Türdrücker aus Kunststoff können ein großes Verletzungsrisiko darstellen. Eine Tür darf daher ohne vorherige Überprüfung niemals ohne Handschuhe berührt werden!

Nach dem gemeinsamen Erarbeiten führen die auszubildenden Einsatzkräfte mehrfach selbst einen Türcheck aus, um das Vorgehen zu verinnerlichen. Hierfür wird die Tür im oberen Bereich erwärmt (z. B. durch Heizungswendeln in der Tür).

9.3 Türprozedur

Material

Eine (Übungs-)Tür, ein Pressluftatmer mit Atemanschluss je Auszubildendem und Ausbilder, eine C-Schlauchleitung mit einem Hohlstrahlrohr, eine Feuerwehraxt, gegebenenfalls Fotos von Türen mit Rauchaustritt.

Lernziel

Die Einsatzkraft kann die Türprozedur erklären und selbstständig richtig durchführen.

Lerninhalte

- Gründe für die Anwendung der Türprozedur,
- Ablauf der Türprozedur,
- Durchführen der Türprozedur an Türen, die zum Trupp hin öffnen,
- Durchführen der Türprozedur an Türen, die vom Trupp weg öffnen,
- Risiken und mögliche Fehler bei der Türprozedur.

Zeitrahmen

Zirka 45 Minuten bei sechs Auszubildenden und einem Ausbilder.

Ablauf

Ein guter Einstieg zum Erlernen der Türprozedur ist erfahrungsgemäß das Diskutieren der Folgen des Öffnens einer Tür (Störung des Gleichgewichtes im Raum, Eintritt von Luftsauerstoff in den Raum, Austritt von Rauch und Wärme aus dem Raum etc.). Die anschließende Lösungssuche der Lernenden nach Möglichkeiten zur sicheren Öffnung einer hochtemperierten Tür moderiert der Ausbilder unter Zuhilfenahme von Fragen, wie zum Beispiel: » *Wie geht ihr vor, wenn die Tür warm oder hochtemperiert ist und ihr deswegen einen Brandraum dahinter vermutet?* « Er lässt den Lernenden ausreichend Zeit zum Diskutieren und Antworten und sammelt die Antworten. Dann bespricht er mit ihnen den Ablauf einer standardisierten Türöffnungsprozedur und führt parallel die einzelnen Handlungen aus:

– Der Truppführer prüft die Tür auf Wärme. Hat die Tür eine erhöhte Temperatur, so gibt er das Kommando » *Tür heiß!* «. Dies ist das Signal für den Truppmann, dass die Türprozedur durchgeführt wird.

– Der Trupp geht seitlich neben der Tür in Deckung, wobei der Truppführer sich auf der Anschlagseite der Tür befindet. Er bedient die Tür. Der Truppmann bedient das Hohlstrahlrohr und befindet sich an der Schlossseite der Tür[34].

– Der Truppmann gibt einen kurzen Wasserimpuls in den Luftraum direkt vor der Tür und sofort im Anschluss daran das Kommando » *Tür auf!* «

– Daraufhin öffnet der Truppführer die Tür zirka einen halben Meter. Dabei muss er darauf achten, dass er sich außerhalb des Aufschlagbereiches der Tür befindet, um Knieverletzungen zu vermeiden. Um die Tür kontrolliert zu öffnen, kann er z. B. eine Axt verwenden.

– Der Truppmann macht einen Ausfallschritt auf den Raum zu und gibt situationsangepasst mehrere kurze Wasserimpulse in die Rauchschicht unter der Decke (in den Bereich direkt hinter der Tür). Im Anschluss daran gibt er das Kommando » *Tür zu!* «

– Der Truppführer schließt daraufhin sofort die Tür.

---

34 Bei der Türprozedur an Türen, die vom Trupp weg öffnen, ist darauf zu achten, dass sich der Truppführer – abweichend von der Türprozedur an zum Trupp hin öffnenden Türen – auf der Schlossseite der Tür befindet. Der Truppmann befindet sich dementsprechend auf der Anschlagseite der Tür, damit er die Wasserimpulse richtig positionieren kann [15].

- Im Anschluss daran zählt der Truppführer mindestens drei Sekunden laut und sichtbar vor, während der Trupp abwartet[35].
- Danach gibt der Truppmann das Kommando »*Tür auf!*« und der Truppführer öffnet die Tür.
- Anschließend gibt der Truppmann einen Impuls in die Rauchschicht unter der Decke.
- Nach dem Impuls geht der Trupp schnell und tief am Boden in den Raum vor und positioniert sich dort, um die Rauchschicht zu beobachten.
- Vor dem weiteren Vorgehen kontrolliert der Trupp die Temperatur der Rauchschicht an der Decke des Raumes.

Im Anschluss zeigt der Ausbilder mit einem Lernenden die vollständige Prozedur langsam jeweils an einer zu ihnen hin und einer von ihnen weg öffnenden Tür. Bestehen seitens der Auszubildenden keine Fragen, wiederholen die beiden die gesamte Türöffnungsprozedur in Sollgeschwindigkeit. Danach üben die Auszubildenden truppweise mehrfach selbst die Türprozedur an einer zu ihnen hin sowie an einer von ihnen weg öffnenden Tür. Dabei übt jeder Atemschutzgeräteträger als Truppmann und als Truppführer, um die Handgriffe beider Positionen zu beherrschen.

---

35 Nach eigenen Erfahrungen wird häufig zu schnell gezählt. Abhilfe kann unter anderem ein längeres Zählen (bis fünf, ggf. auch in einer anderen Sprache) schaffen.

10 Nach dem Training ist vor dem Einsatz!

Die spannendste und unterhaltsamste Ausbildung hilft nichts, wenn sie nicht einsatznah gestaltet ist und in zu langen Abständen durchgeführt wird. Mit diesem Buch halten Sie eine Sammlung vielfältiger Ideen und Anregungen in der Hand, die auf langjährigen Erfahrungen zahlreicher Ausbilder beruht. Unsere Intention ist es nicht, einen Anspruch auf den einzig richtigen Weg zu erheben, wir wollen vielmehr Anregungen geben und das vorhandene Wissen (zum Teil aus Insellösungen) allen Lesern zugänglich machen. Wir erhoffen uns, dass auf diesem Wege die Ausbildung von Atemschutzgeräteträgern verbessert wird.

Für eine Verbesserung der Ausbildung ist es zwingend notwendig, dass wir Ausbilder uns als Lernbegleiter sehen, die Atemschutzgeräteträger jeglichen Alters und jeglicher Dienstzeit in ihrem Anschlusslernen an bereits vorhandenes Wissen unterstützen. Die Lernenden und ihre persönlichen Erfahrungen müssen immer im Mittelpunkt der Ausbildung stehen, nicht wie bisher leider oft üblich, Lehrmedien oder Beiwerk. Gerade in der Feuerwehrausbildung ist es wichtig, die Lernenden möglichst aktiv mit einzubeziehen, sie an ihrem jeweiligen Wissensstand abzuholen und so gut es geht bei ihrem Lernen zu begleiten. Dies spiegelt sich im Übrigen auch in der bewussten Wortwahl »Lernende« anstatt »Teilnehmer« wieder.

Wenn wir Ausbilder ein nachhaltiges Wissen bei den auszubildenden Einsatzkräften erreichen wollen, müssen wir von der alleinigen »Erfüllung von Stundenplänen« umdenken hin zum »Begleiten der Lernenden beim Erreichen von Lernzielen«. Das kostet deutlich mehr Zeit und Energie, als es beim Unterrichten im Monolog der Fall ist. Aber die Belohnung sind interessierte und begeisterte Einsatzkräfte, die vor allem eine deutlich längere Wissensverfügbarkeit haben. Kaum etwas ist im Feuerwehrdienst schlimmer, als Einsatzkräfte, bei denen das auf Lehrgängen für eine Prüfung auswendig Gelernte bereits kurz nach dem Lehrgang verblasst ist. Also lassen Sie uns versuchen, Einsatzkräften Dinge durch Begreifen im wahrsten Sinne des Wortes verständlich zu machen.

Einen Teil auf dem Weg zur lernendenzentrierten und einsatz-orientierten Einsatzvorbereitung (nämlich der Aus- und Fort-bildung) sind wir mit diesem Buch gemeinsam gegangen. Wir haben es für Sie und Ihre Auszubildenden geschrieben und Sie haben es für die Erweiterung Ihres Horizontes – und hoffent-lich auch mit Vergnügen – gelesen. Sicherlich erscheinen die von uns vorgestellten Wege des Lernens zumindest zum Teil etwas ungewohnt und unkonventionell, aber der Erfolg gibt dieser Richtung durchaus eine Berechtigung.

Die Umsetzung der von uns vorgestellten Trainingsphiloso-phie liegt nun in Ihren Händen. Wir wünschen Ihnen und Ihren Auszubildenden viel Spaß und einen hohen Wirkungsgrad!

Tobias E. Höfs und Torsten Vollbrecht

Literaturverzeichnis

[1] Feuerwehr-Dienstvorschrift (FwDV) 7 »Atemschutz«, Verlag W. Kohlhammer, Stuttgart, 2002

[2] Merkblatt A 016 (BGI 570) der Berufsgenossenschaft Rohstoffe und chemische Industrie »Gefährdungsbeurteilung – Sieben Schritte zum Ziel«, Stand Januar 2013

[3] Excel-Vorlagen zur PC-gestützten Erstellung von Gefährdungsbeurteilungen, Download-Center der Berufsgenossenschaft Rohstoffe und chemische Industrie, *http://downloadcenter.bgrci.de/shop/gefb*

[4] Achte Verordnung zum Produktsicherheitsgesetz (Verordnung über die Bereitstellung von persönlichen Schutzausrüstungen auf dem Markt) in der Fassung der Bekanntmachung vom 20. Februar 1997 (BGBl. I S. 316), zuletzt geändert durch Artikel 16 des Gesetzes vom 8. November 2011 (BGBl. I S. 2178)

[5] Spitzer, Manfred: Lernen – Gehirnforschung und die Schule des Lebens, Springer-Verlag, Berlin/Heidelberg, 2007

[6] Siebert, Horst: Methoden für die Bildungsarbeit – Leitfaden für aktivierendes Lernen, 2., überarbeitete Auflage, W. Bertelsmann Verlag GmbH & Co. KG, Bielefeld, 2006

[7] Siebert, Horst: Didaktisches Handeln in der Erwachsenenbildung – Didaktik aus konstruktivistischer Sicht, 5., überarbeitete Auflage, Ziel-Verlag, Augsburg, 2006

[8] Höfs, Tobias: Medieneinsatz an Landesfeuerwehrschulen, Hausarbeit im Rahmen der Laufbahnprüfung für den höheren feuerwehrtechnischen Dienst, 2007

[9] Internetpräsenz der Emergency Services Interactive Systems, *http://www.esis-systems.com*

[10] Internetpräsenz der PennWell Corporation, *http://www.pennwellblogs.com/fireengineering/simulations*

[11] Internetpräsenz der Flame-Sim LLC, *http://www.flame-sim.com*

[12] Internetpräsenz der Cygnus Business Media Interactive Division, *http://directory.firehouse.com/buyersguide/Trai ning/Simulators/index.html*

[13] Müller, Jens: Workshop Atemschutznotfalltraining, Bundeskongress der Feuerwehrfrauen, Münster, 2006

[14] Höfs, Tobias: Innovation im Atemschutznotfalltraining, Tagungsband Jahresfachtagung 2007, Vereinigung zur Förderung des Deutschen Brandschutzes e. V., S. 375–395

[15] Höfs, Tobias: Konzeptionierung einer einsatzorientierten Atemschutzausbildung für Freiwillige Feuerwehren, Diplomarbeit, Fachgebiet Methoden der Sicherheitstechnik/ Unfallforschung, Abteilung Sicherheitstechnik, Fachbereich D, Bergische Universität Wuppertal, 2006

[16] Erpenstein, Robert: persönliche Mitteilungen zur Ausbildung von Atemschutzgeräteträgern durch die Feuerwehr Münster, 20. Juli 2005

[17] Susdorf: persönliche Mitteilung zur Ausbildung von Atemschutzgeräteträgern durch die Feuerwehrschule der Feuerwehr Duisburg, 21. Juli 2005

[18] Kämpen, Jan: persönliche Mitteilung zur Ausbildung von Stabsmitgliedern durch die Akademie für Krisenmanagement, Notfallplanung und Zivilschutz, Herbst 2008

[19] Spielvogel, Christian; Rüsenberg, Markus: Notfalltraining für Atemschutzgeräteträger, Rotes Heft/Ausbildung kompakt 210, 3., überarbeitete und erweiterte Auflage, Verlag W. Kohlhammer, Stuttgart, 2009

[20] Pannier, Christian: persönliche Mitteilungen zur Funktion von Membranen und anderen Bestandteilen von Feuerwehrschutzkleidungen, Januar 2011

[21] Krüger, Wilfried; Vollbrecht, Torsten: Rette sich wer kann!, BRANDSchutz/Deutsche Feuerwehr-Zeitung 4/2006, Verlag W. Kohlhammer, Stuttgart, S. 247ff.

[22] Schleicher, Uwe: Digitales Christian-Morgenstern-Archiv (DCMA), *http://www.christian-morgenstern.de/dcma/in dex.php5?title=Die_unmögliche_Tatsache*

[23] Moravec, Oliver; Günter, Ulf; Haugwitz, Karl-Heinz; Neupert, Jürgen; Schaub, Heimo; Schäfer, Christian; Siebelt, Ubben; Banse, Karl-Heinz; Kielhorn, Christian; Köpfer, Jochen; Waterstraat, Frank; Göwecke, Karsten; Lange, Claus; Franke, Klaus: Abschlussbericht der Unfallkommission zum Einsatz am 27.7.2006 Kellerbrand Oeconomicum Georg-August-Universität Göttingen

[24] Schumann, Martin: persönliche Mitteilungen zur Ausbildung von Atemschutzgeräteträgern durch die Landesfeuerwehrschule Hamburg, Sommer 2006

[25] Grimwood, Paul T.: Euro Firefighter; Global Firefighting, Strategy and Tactics, Command and Control, Firefighter Safety; Jeremy Mills Publishing Limited, Huddersfield, Großbritannien, 2008

[26] Stöhr, Ingo: persönliche Mitteilungen zur Ausbildung von Strahlrohrführern durch die Feuerwehr Ingolstadt, November 2005

[27] Grimwood, Paul T.; Desmet, Koen: Tactical Firefighting – A Comprehensive Guide To Compartment Firefighting & Live Fire Training (CFBT), elektronisches Buch, Crisis & Emergency Management Centre, Belgien, *http://www.firetactics.com*, 2003

[28] Grimwood, Paul T.: Fog Attack, Firefighting Strategy & Tactics – An International View, FMJ International Publications Ltd., Redhill, Surrey, Großbritannien, 1992

[29] Grimwood, Paul T.; Desmet, Koen: Flashover & Nozzle Techniques, elektronisches Buch, Crisis & Emergency Management Centre, Belgien, *http://www.firetactics.com*, 2002

[30] Feuerwehr Niebüll: Seminar Technik und Taktik im Innenangriff, 2. Praxisseminar Atemschutz, Garding, 2006

[31] Eriksson, Rune: persönliche Mitteilungen zu Möglichkeiten der Ausbildung von Strahlrohrführern, Feuerwehrschule Skövde/Schweden, Februar 2008

[32] Pulm, Markus: Falsche Taktik – Große Schäden, 7., aktualisierte Auflage, Verlag W. Kohlhammer, Stuttgart, 2012

[33] Niederbauer, Walter: persönliche Mitteilungen zur Ausbildung von Atemschutzgeräteträgern durch die Feuerwehr Freilassing, Mai 2006